托举梦想

大学生心理咨询案例精选

聂含聿　卢挚飞　于跃　主编

中国纺织出版社有限公司

图书在版编目（CIP）数据

托举梦想：大学生心理咨询案例精选／聂含聿，卢
挚飞，于跃主编 . -- 北京：中国纺织出版社有限公司，
2025.4 --ISBN 978-7-5229-2316-1

Ⅰ . B844.2

中国国家版本馆 CIP 数据核字第 202436ZC51 号

责任编辑：向　隽　　特约编辑：程　凯
责任校对：王蕙莹　　责任印制：储志伟

中国纺织出版社有限公司出版发行
地址：北京市朝阳区百子湾东里 A407 号楼　邮政编码：100124
销售电话：010—67004422　传真：010—87155801
http://www.c-textilep.com
中国纺织出版社天猫旗舰店
官方微博 http://weibo.com/2119887771
鸿博睿特（天津）印刷科技有限公司印刷　各地新华书店经销
2025 年 4 月第 1 版第 1 次印刷
开本：710×1000　1/16　印张：18.25
字数：266 千字　定价：68.00 元

凡购本书，如有缺页、倒页、脱页，由本社图书营销中心调换

编委会

主　编　聂含聿　卢挚飞　于　跃

副主编　梅凤娟　孔祥阳

编　委　聂含聿　卢挚飞　于　跃　梅凤娟　孔祥阳
　　　　韩　晨　时　南　衣红梅　陈　珺　吴　琼

前　言

在高校的一线咨询中，我们经常会碰到来访者提问："老师，进入大学后我很迷茫，高中时期的目标是考上大学，但上了大学后我却不知道自己未来何去何从……"大学时期是个体从青春期向成年期过渡的关键阶段，也是大学生进入职场前的"预备期"。莘莘学子们在追求知识、实现自我成长的过程中，也不可避免会遇到生涯发展中的种种挑战与困惑。他们可能会面临初入新环境、与新同学交往、开启新的学习生活的不适；面临学业预警、专业选择等学业困惑；面临宿舍矛盾、失恋等人际情感的议题；面临专业和兴趣的平衡、大学时间规划等学业方向的迷茫；面临如何做好实习前的准备、如何选择未来行业等职业规划方向的迷茫；面临如何克服拖延症、如何应对考前焦虑、如何克服"社恐"等心理议题；面临考研还是就业、是否要再次考研、毕业后是否回家工作等就业抉择性议题。

本书结合大学生日常生活中常见的现实问题，以"大学生生涯心理发展"为主题切入，希望帮助大学生们认识到大学生涯中的困惑存在共性问题。本书精心挑选了一系列极具代表性的大学生心理咨询案例，通过实际案例的真实呈现，给予身处迷茫中的大学生一些参考，促进大学生从案例中学习应对大学生涯困惑的方法策略，积极发掘自己的内在潜能，逐步构建成熟的心理机制，更好地适应大学生活，打造适合自己的大学生涯发展路径，为大学生顺利圆满地从"大学"

过渡到"社会"的心理成长助力赋能，为大学生未来的人生之路奠定坚实基础。

本书的编委们多为高校一线辅导员，长期从事高校一线心理咨询、职业生涯咨询，多年与学生打交道的经历为他们积累了丰富的经验。编委成员们有中国注册音乐治疗师、国家二级心理咨询师、上海市学校心理咨询师（中级）、高校职业生涯规划师、全球生涯教练（BCC）、全球职业规划师（GCDF）等资格认证证书。在案例的呈现过程中，为了保护来访者的隐私，本书对涉及个人身份的信息进行了适当的处理与隐去，确保来访者的权益不受侵害。本书将从"新生适应篇""学业困惑篇""人际关系及恋爱篇""职业迷茫篇""职业规划篇""大学生活心理篇"" 就业抉择篇"等7个篇章呈现大学生涯发展中的心理议题。

希望本书可以为更多迷茫中的大学生提供解决现实问题的方法和路径，也希望本书可以为更多大、中、小学的教师、家长、学生们提供学生生涯发展路径的参考与借鉴，让我们携手前行，共同托举广大莘莘学子们的青春梦想！

主编：聂含聿

2024年12月12日

目 录

4　职业迷茫篇

5 职业规划篇

6 大学生活心理篇

7　就业抉择篇

1 —— 新生适应篇 ——

案例一　初入大学一直想家怎么办？

咨 询 师：卢挚飞
来访者情况：小云，大一
主 要 困 惑：进入大学后一直特别想家，感觉课程难度大，很焦虑

一、背景信息

小云，女，大一，文科专业，进入大学后一直特别想家，想着想着就落泪了。她感觉课程难度大，听不懂，上课注意力不集中，很焦虑。

二、咨询过程

咨询师：同学，你好，请问你今天来有什么想要探讨的议题吗？

小云：老师好，我进入大学之后不太适应大学生活，一直特别想家，一想到自己一个人来上海，背井离乡，眼泪就不自觉地流出来。我觉得上大学比我想象的难度要大，我不知道要如何调整自己，感觉很着急，最近睡眠也不好。

咨询师：十分理解你的心情，一个人背井离乡来上海，周围的环境变化了，课程学习方式也变了，属实需要适应一段时间，对于一个刚离开家的18岁年轻人来说是不容易的。

小云：谢谢老师理解我，这种感觉真的太痛苦了，我好希望尽快适应大学生活，但是越着急就越怀念过去的高中生活，自己的朋友和父母也在身边。（说话时，眼泪在眼睛里打转）

咨询师：嗯，熟悉的生活环境会给我们安全感。进入大学后有没有你觉得哪些方面带给你好的体验呢？

小云：我想想……我觉得我们导生对我们挺好的，像一个大姐姐一样，会很耐心地给我们讲解大学生活。还有，我报了学生会，感觉里面的学姐学长都挺厉害，他们演讲好，口才好，我很羡慕。

咨询师：很好啊，看来你在大一的适应期也发现了一些新的积极的资源。你说到的导生还有学生会会带给你哪些感受？

小云：导生让我感觉很温暖，学生会让我们看到有很多很厉害的人，觉得他们是我向往的状态。

咨询师：非常好！温暖、向往的感觉，这些都是进入大学后我们看到的新生活带给我们的感受。你再体会下，温暖、向往的感觉在身体哪个部位的体会最明显？

小云：胃部这边，感觉暖暖的。

咨询师：很好的觉察。我们发现了进入大学后带给我们的成长，接下来我们一起探讨下你今天带来的议题，看看现在哪些方面让我们感觉困扰，以及我们可以做些什么帮我们更好地适应大学生活，你觉得可以吗？

小云：好的，老师。

咨询师：现在我们准备好一张纸和一支笔，你来画一下觉得有压力的部分，把压力的部分画一个圆圈，然后把压力源写进去，距离当下较近的压力可以画在中间，距离当下较远的压力可以画在边缘。如果压力大，我们可以把圈画大一些；如果压力小，我们可以把圈画小一些。接下来给你点时间，按照当下的直觉画起来，绘画没有好坏对错，只是帮我们做一个探索，所以你可以放松画。

小云：好的，老师。

几分钟之后……

小云：老师，我画好了。

咨询师：好的，我们一起来看看。你能给老师讲讲你画的内容吗？

小云：时间比较近的、比较大的压力是会计学，我从来没有接触过这门学科，不知道要如何学，有种不知道如何下手的感觉，这让我感觉压力很大。想家也会让我觉得压力比较大，因为高中跟我要好的同学现在都不在身边，父母也不在身边，我觉得有点孤单，觉得身边没有亲近的人。感觉压力比较大的还有英语和人际交往。我觉得英语难度比较大，我的英语基础一般，所以有点着急。人际交往方面，我觉得大学里要接触这么多人，有老师、同学、学长、室友，不知道要如何与他们接触。时间远一点的是考证，我要考英语四级、六级，还有律师证，这些证书的考试难度都挺大的，不知道将来能否通过考试。

咨询师：很详细的分析，非常好，我们把自己的困扰都列出来，这也是帮我们把潜意识意识化的过程，会减轻我们的焦虑感。我们再来具体看下，会计学这门学科目前我们觉得难度比较大，想想可以如何学？我们可以做哪些努力？

小云：我之后准备上网查查相关视频，我看到有的同学在哔哩哔哩网看视频，我也准备找找有没有会计相关的视频课程。

咨询师：非常好！那我们思考下，还有什么方法呢？

小云：嗯……再就是如果有不懂的题，我可以问问其他同学。

咨询师：非常好，这些都是帮助我们把这个学科学好的方法。现在再想到学习会计学的压力会不会感觉好些了呢？

小云：是的，感觉好像好点了。

咨询师：没做这个探索时，想到会计学，如果给自己的压力程度打分，0~10分你打多少分？0分是一点压力都没有，10分是非常大的压力。

小云：之前打8分吧。

咨询师：那我们分析完之后呢？

小云：打5分吧。

咨询师：非常好！那我们继续探索可以吗？

小云：好的，老师。

咨询师：我们来探讨下想家这点好吗？

小云：我觉得这是我现在最焦虑的。

咨询师：你是想家人，还是同学，还是其他方面呢？

小云：都想。一方面想爸妈，高中没有住过校，来上海是我第一次离家这么远；另一方面想同学，和我关系好的几个同学都不在身边，以前经常一起聊天，现在却觉得距离好远。

咨询师：上大学是我们人生中一次重要的分离，18岁左右的我们，离开熟悉的环境、熟悉的人，来到一座陌生的城市。不过，从另外一个角度来看，这也是我们人生中的重要成长阶段，是从依赖父母走向独立的阶段，你觉得呢？

小云：（点点头，没有说话）。

咨询师：父母不会陪我们一辈子，有些事情，我们可能就是要自己面对，这就是成长。

小云：是的，老师，我以前太依赖父母了，您说得有道理，父母不会陪我一辈子，我是应该学会成长。

咨询师：非常好，相信你有了这份觉察后，会以更好的心态面对未来的大学生活。

小云：老师，我感觉好多了。很感谢您！

咨询师：不客气。今天我们就先探讨到这里，如果后续你觉得有生涯方面的困惑，还可以来预约咨询，我们再进一步探讨，好吗？

小云：好的，老师，谢谢您！

咨询师：不客气。

三、案例分析

该案例中，来访者小云的主要问题是大学新生适应性问题，咨询师通过探索压力源的方式帮小云梳理出现阶段比较有压力的事件，然后通过探讨这些事件，逐渐将压力"分解""切割"，使小云把压力的感觉具象化。此外，通过对具体压力源的探索，帮助她分析应对压力的具体方式，从而缓解小云由新生适应问题而导致的焦虑情绪。

四、经验启示

1.潜意识意识化

当我们感到有压力的时候，往往容易放大压力感。当把压力具体化的时候，我们会发现"压力"只是几个"压力事件"，而并非生活中所有事情都是让我们有压力的。这就是在做潜意识意识化，把压力变成看得见的压力事件时，焦虑情绪就会逐步缓解。

2.切换视角看问题

对于小云而言，想家是困扰她的大问题，她一直沉浸其中。咨询师可以帮助她从认知的层面分析，当咨询师帮助小云换一个视角看待"想家"这件事时，把比较有压力的"想家"看成"成长"。这时，小云再看待"想家"时的视角就会发生转变，视角变了，意识层面就转变了，随之而来的情绪体验也会发生改变。

3.善于使用自评评分

在具体做压力源分析时，咨询师使用了自评评分的方式，对当事人所处事件的压力"程度"进行探讨，当事人通过评分的前后对比，感觉到自己的变化，对于主观压力感的感受也会逐步减弱。

案例二　大一的我未来一片迷茫怎么办？

咨　询　师：韩晨

来访者情况：学生小B，大一

主要困惑：没有职业规划，不知道做什么，不知道毕业后是应该回北京还是留在上海

一、背景信息

学生小B，大一，统计专业，以下为学生小B开始咨询前整理的问题：

（1）对未来的职业规划不是很清晰，不知道想从事什么职业，只想找个安安稳稳的工作，最好和经济统计专业有关，同时又想考研，觉得本科毕业找不到好工作。

（2）毕业以后想回家乡北京发展，但是了解到立信公司在上海及周边地区的认可度较高，而在北京认可度比较低，所以不知道该回家还是留在上海发展。

（3）不知道考初级会计证等基础类的证有没有用，不是很想从事会计工作。

二、咨询过程

咨询师：你好，同学，请问今天想要探讨什么议题？

小B：我现在大一，不知道未来干什么，也没有规划，但是想做和财经有关的工作。同时，家里人建议我今后从事比较安稳的工作，我自己也有类似想法，不想要高强度的工作。同时，我又在想要不要考研。

咨询师：你为什么想考研呢？

小B：因为觉得本科毕业找不到好工作。

咨询师：那是什么让你觉得"本科毕业找不到好工作"呢？

小B：周围的同学都这么说。

咨询师："周围的同学"也是大一的吗？大家都是刚入学一个月，都还没有真正求职过，怎么会得出"本科毕业找不到好工作"的结论呢？建议你可以和大四的学长、学姐们聊一聊这个话题。而且，考研不能是因为逃避找工作而去考，建议你是出于对专业深造的角度。当然，你有考研这个想法很好，树立一个目标，这个目标将带着你好好学习，努力成长，但我们并不用现在就开始备考，我们可以先全方面提高自己。

小B：我不知道我现在所学的专业能找到什么对口的工作。

咨询师：大一时候像你这样感觉到迷茫是很正常的，这至少说明你开始思考本专业之后的出路，要解决这个问题有很多方式，你可以和大三实习或者是大四找工作的学长谈一谈，可以和专业课老师课后聊一聊，还可以看看我们学校的就业质量报告书，也许都会对你有一些启发。

咨询师：你提到对未来没有规划，其实规划可以分为近期和远期规划，也许你指的是没有中长远规划，但我们可以从近期规划开始，比如今年、这个学期、这个月、这周你想做什么，也是一个不错的选择。

小B：我想拿到比较高的绩点，参加辩论社团，还想考证。

咨询师：非常好呀，你看你已经有想做的事情，有了小目标，我们可以把小目标再拆解为更小的目标，比如要想期末有高的绩点，那么你可以具体做些什么事情呢？

小B：这么一说，我感觉好像目标比较清晰了，我要全勤上课，认真完成每一堂课的作业。社团的话我应该去学院的辩论社问问，提交入会申请。

咨询师：是呀，非常好，做好近期规划是做好长期规划的基础。

小B：北京和上海都是发达城市，我不知道如何选择。可能在上海工作几年最终还是会回北京，家里人也希望我回北京，不知道怎么办。

咨询师：其实你在北京长大，又在上海学习，这样你就有双城的背景，从积极的角度来说，这将会成为你未来的一个优势。而且你现在还是大一，与其现在这样发愁会不会回到北京不被认可，不如学好知识，锻炼好能力，努力让自己成为一个北京和上海都抢着要的人才，到时候你有几份录取通知书在手，自主选择城市，岂不美哉？

小B：老师这么一说，我突然想通了，我要先提高自己。另外还有一个问题，我的室友都在考初级会计证书，我不是会计专业，我也不想从事会计相关的工作，但是大家都在考证，我是不是也要考一个？

咨询师：每个人有自己的路要走，每个同学也都会有自己的规划，不用跟着别人走。如果你非常明确自己今后不想从事任何会计相关的工作，就不用着急把时间花在考证上。当然在学有余力的情况下，多学习各类知识也是不错的，你可以看看自己当下的时间分配，再做合理的选择。

小B：好的，非常感谢老师。

三、案例分析

大一新生对于自己未来发展普遍感到迷茫，因为没有社会经验，进入大学又是一个"小社会"，所以应引导学生先不要焦虑，着眼当下，一步步规划自己的四年大学生活。

四、经验启示

1.了解有经验的一手资料

在该案例中，小B的很多困惑都源于他了解信息来自周围同学而非有经验的学长们。因此咨询师引导该生向大三大四快完成学业的有经验人士请教，这样的参考性会更好些。如果是听父母或同学说，他们对于学校整体情况还不是很了解，因此建议大一新生面对生涯规划的问题可以找辅导员、大三大四学生、毕业生、专业老师等探讨，这样拿到的一手资料才更有参考价值。

2.长期目标短期目标相结合

大一新生规划思考未来是特别好的事情，说明该生的目标感很强，这也是对自己大学生活负责的表现。只是大一刚入学，很多事物还在摸索了解阶段，因此可以用长短期目标相结合的方式规划大学生活。先树立一个长期目标，然后随时根据自己的经历情况进行调整。比如说还不确定是否考研，可以先把这个长期目标放一放，从一个短期目标——考证着手，看到其他同学都考证，自己不知道要不要考初级会计师来说，可以先问问自己对会计行业是否感兴趣？未来是否有可能从事会计行业？如果有可能，那可以在大一、大二先把这个证书考下来。其他证书也一样，大学期间，CET-4、CET-6、普通话、计算机二级等都是基础证书，都是要考出来的，除此之外，可以思考下其他行业的证书哪些和自己相关，也可以在大学初期安排时间考下来。

案例三 初入大学要保持独立还是要合群？

咨　询　师：卢挚飞
来访者情况：小同，大一
主　要　困惑：是否要和室友保持一致的行动，想单独去图书馆，不知道要如何取舍

一、背景信息

　　小同，女，大一，理科专业，进入大学后很多同学都以宿舍为单位一起玩，一方面希望自己和室友们多接触，另一方面每次一起走要相互等待比较浪费时间，自己又想单独去图书馆，不知道要如何取舍，前来咨询。

二、咨询过程

咨询师：同学你好，请问今天来咨询，你有什么想要探讨的议题？

小同：老师，我有点困惑，进入大学后大家大多数都是一个宿舍一起出行，我也想和宿舍室友多接触，多搞好关系，不过我有时候想去图书馆，室友却要一起回宿舍，我就有点纠结了，不知道要跟室友一起绑在一起回宿舍，还是独自去图书馆。感觉自己突然一个人去图书馆有点不合群。进入大学后人际关系要怎样保持呢？

咨询师：很理解你的想法，一方面想要保持独立，另一方面又想要和室友相处好，所以有时候觉得不太好选择。是这样吗？

小同：是的，老师。

咨询师：你高中有住过校吗？
小同：没有，初高中都是走读，到大学才住校。

咨询师：嗯嗯，所以我们没有和室友相处的经验，是吗？
小同：是的，老师。

咨询师：现在和室友相处下来感觉怎么样？
小同：感觉挺好的，大家晚上都会定时熄灯，早晨一起起床去上课。大家都是一
　　　起行动。

咨询师：所以你觉得也要继续保持一致是吗？
小同：是的，我不知道要不要打破这个平衡。

咨询师：你为什么担心打破平衡？
小同：我害怕室友会不喜欢我了或者觉得我不合群……

咨询师：哦，是这样啊，你觉得如果你自己去了图书馆，其他小伙伴就不喜欢你了
　　　或者认为你不合群是不？
小同：是的。

咨询师：那你心底希望去图书馆还是和室友回宿舍？
小同：我希望去图书馆。

咨询师：好的，那如果你压抑着自己想去图书馆的心，和宿舍室友回宿舍，你觉得
　　　可以坚持多久？
小同：不知道，我就觉得心里不舒服。

咨询师：反过来想，如果你坚持去图书馆，你觉得心里会舒服吗？

小同：会舒服些，但是会担心室友逐渐排斥我。

咨询师：了解。你现在遇到的问题正好是成长的分界线，也是边界的问题。说明你在成长，这是好事。老师问你一个问题，结婚的夫妻，你觉得他们所有的时候都要待在一起，还是各忙各的？

小同：我觉得都有吧，既有一起待着的时候，也有各自忙的时候。

咨询师：非常好！那如果他们有各自忙的时候，说明这对夫妻感情不好吗？

小同：不一定吧。

咨询师：很好，你发现了规律。即使是夫妻，他们平时也都要上班。下班后如果有工作，还是各自忙，没什么事会一起说说话，处于有分有合的状态，对吗？

小同：是的。

咨询师：所以在亲密关系中，我们有时候也会说"亲密有间"，即使再亲密的关系也有独立的部分。

小同：哦。

咨询师：亲密关系尚且如此，我们和室友的关系是不是也是这样的呢？

小同：老师，你是说可以独自去图书馆？室友不会讨厌我是吗？

咨询师：老师再问你一个问题，你去图书馆要去做什么？

小同：我要去学习啊。

咨询师：为什么要去学习？

小同：因为图书馆学习效率更高。

咨询师：你在宿舍学习效率高不？

小同：没有图书馆效率高。

咨询师：那你希望大学四年的课程都可以高效完成吗？

小同：当然希望。

咨询师：所以去图书馆学习是为了让自己学习更有效率，对于学业发展很有好处，是吗？

小同：是的。

咨询师：那你高中的好朋友会因为怕你学习更有效率、学习成绩更好就讨厌你吗？

小同：不会的。

咨询师：那如果你的室友因为你要去图书馆学习更有效率就讨厌你，你觉得这是健康的人际关系吗？

小同：不是。

咨询师：那你会每天都去图书馆，不回宿舍吗？

小同：不会，有的时候要回宿舍拿书。

咨询师：所以你去图书馆不是一直单独一个人，也不是每天都合群地回宿舍待着，对吗？

小同：对的。

咨询师：所以你和室友的关系是不是有分有合的呢？

小同：是的。老师是希望我不要刻意迎合他人，保持独立吗？

咨询师：非常好，这是我想要跟你分享的想法。真正喜欢你的人都会盼你好，如果因为你努力学习而不喜欢你，那也不算你的朋友，你觉得呢？

小同：是的，老师说得有道理。

咨询师：其实你有这样的顾虑是很正常的，可以理解。因为你现在刚进入大学一个月，所有大一新生都处于适应的时间，大一上学期还没有选修课，大家时间都一致，都在适应室友、接触室友。大一下学期有了选修课，大家之后再参加各种社团、科研项目，节奏就都不同了，几乎不会有完全同频的时间表，所以除了必修课外，室友们很少可以完全集中在一起。

小同：就是说这个问题只是大一上学期这个阶段才有，到下学期开始选课就不涉及这个问题了是吗？

咨询师：非常好，是这样的。

小同：那我明白了。

咨询师：你很善于思考，你感觉这次咨询有帮助到你吗？

小同：我感觉好多了老师，我觉得您问得很好，如果我不去图书馆会有什么感受？我会觉得心里压着事，不舒服，我还是要遵循内心的想法走。

咨询师：非常好，接下来有什么问题可以随时预约咨询。

小同：好的，谢谢老师。

咨询师：不客气。

三、案例分析

该案例中，小同对于合群还是独立的"边界感"比较模糊，咨询师通过一系列提问让来访者意识到再亲密的关系中也有"亲密有间"的时候，引导来访者勇敢做自己，同时适度地维护宿舍关系，引导她学习人际交往中的分寸把握及边界感。同时引导来访者看到大学四年学习生涯的规律，减少来访者对于人际交往的顾虑。

四、经验启示

1.亲密"有"间

对于很多在中学时期没有住校经历的学生来讲，初入大学与室友建立的关系成为他们除去家庭外很重要的人际关系，因此很多大学生都很重视室友关系。而面对陌生室友们忽然成为与自己朝夕相处的亲密朋友，他们往往不知道如何掌握交往的度。同时因为离开家乡，面对陌生的环境，很容易出现安全感不足的情况。咨询师应引导来访者去认识：即使是亲密关系，也允许有自己独立的空间，也允许有自己与他人不同的情况。所以，需要引导来访者意识到关系中的"分与合"，助力他们建立完善独立的人格和人际交往中的边界感。

2.尽早帮助大一新生了解大学四年的学业规划

案例中我们发现来访者对于大学四年的规划是模糊的，当她了解到大一下学期选课后，大家的时间各有不同，不再是"捆绑关系"时，她独自去图书馆学习的心理负担也会减弱很多。因为大一刚入学，大家都在"求同"的阶段，希望自己与其他人一样合群，希望自己在可控的、安全的范围内活动。所以这时候辅导员、导生可以多为大一新生做四年大学规划、大学课程设置的相关介绍，帮助他们尽快适应大一生活。

案例四　初入大学如何克服我的社交恐惧？

咨　询　师：聂含聿
来访者情况：小圆，大一
主 要 困 惑：社交恐惧，人际交往，未来生涯发展

一、背景信息

小圆，大一，社交恐惧，与他人说话会脸红语塞，希望提升社交能力，希望大学四年可以更好地锻炼沟通能力

二、咨询过程

咨询师：你好，同学，你这次来想要探讨哪些内容？

小圆：老师，我有社交恐惧，而且被医院诊断为焦虑症，开学以来我睡不着觉，特别焦虑。我来自农村，在家排名老小，亲戚中很少有读大学的，所以家人对我寄予厚望，希望我可以出人头地。但是上大学后，我觉得同学们都很优秀，我感觉压力很大，所以经常失眠睡不着觉，加上我不敢跟人说话，人多时我就脸红，说不出话来。我很痛苦，老师可以帮帮我吗？

咨询师：你背负家人的期望，初入大学时看到这么多优秀的同学，担心自己不够优秀没法跟家里交代是吗？

小圆：（低下头并点点头）是的，老师，我感觉很有压力。

咨询师：很理解你的感受，听起来你是个很上进的同学，老师听到了你很有担当、很上进努力的部分。

小圆：嗯，我挺希望让自己变得越来越好，就是越着急越睡不着，我内心挺自卑的。

咨询师：你刚上大一，还有四年的大学路要走。别着急，慢慢来。所有学生刚上大学都需要有个适应的过程。

小圆：嗯嗯。

咨询师：虽然都是读书，但是高中和大学的环境截然不同。高中时，教室固定、学生固定、老师固定，你们的目标就是学习。大学却不同，除了学习，我们还要学会与他人打交道，参加社团、学生会、班委等。教室不固定，上课的同学不同，而且更强调自主性的学习。所以，每个刚进入大学的学生都有个适应期。只是每个人适应的时长不一样，适应的时间都需要自己去做调整。

小圆：嗯，给自己点时间。

咨询师：是的，环境和学习方式都有改变，所以需要给自己一段适应的时间。最近有报名什么社团吗？

小圆：没有。

咨询师：也许可以尝试去报一个感兴趣的社团，增加与人接触和沟通的机会，让自己多练习练习。沟通能力是可以通过练习提升的，老师在学生时代和他人讲话也会害羞，但当了老师之后，因为经常要和学生聊天，所以沟通能力就一点一点练出来了。你也需要一些环境，进行有意识地练习。你可以报名咱学院的自信训练营或演讲与口才训练营，都是给大学生练习口才的。如果你可以报名当工作人员志愿者的话就更好了，你可以在当中多练习和他人的沟通协调。

小圆：好呀，老师，我想要报名，想要锻炼自己。

咨询师：太好啦，咱可以给自己定一些小目标。比如，你原来不敢看人讲话，讲话就会脸红，到下次来咨询的时候，尝试跟几个人沟通。哪怕还是有担心，只要完成这个小目标，也是一次进步，每次进步对于自己而言都是很重要的。

小圆：好的，老师，我先报名训练营练起来。

咨询师：非常好，你现在就已经在进步了，因为你想到了解决自己困惑的方法并准备开始实践，这就是迈出去的第一步。非常好！你将来希望考研还是就业，有思考过这个问题吗？

小圆：我想着先就业，这样可以帮家里减轻点负担。

咨询师：好呀，如果准备就业的话，在大学期间可以多参与实习，让自己有更多的实践经历。然后，在实习之前，我们多参与一些社团活动练练自己的沟通能力。

小圆：好的，老师。

咨询师：另外，关于睡眠问题和焦虑症，建议你遵医嘱按时吃药。老师还建议你尝试下练习正念，同时也可以找心理咨询中心的老师聊聊，有时候我们把心结说开了，情绪上就会感觉舒服多了，情绪稳定后再去学习与生活，状态会更好。

小圆：好的，老师，我会开始练习。谢谢老师。

咨询后反馈

　　该生经过一段时间的参与训练营活动以及志愿者活动，现在反馈自信多了，而且在与他人交流中也感觉没有那么紧张了。该生也听从咨询师建议，找学校心理咨询的老师进行沟通，感觉状态越来越好，可以正常进行学习与生活，睡眠质量也好了很多。

三、案例分析

来访者由于家庭条件的问题，给自己的负担比较重，希望减轻家中负担，因此害怕"平庸"。咨询师帮助该生找到一些练习沟通表达的方法，让该生看到可以落地的具体方式，这样的切入点使该生的关注点由未来的担心转移到当下的训练营、社团等，帮助该生缓解焦虑情绪。此外，咨询师询问该生四年后规划，建议他多实习，也给到该生大学时期树立一个实习目标，让该生从迷茫状态中找到方向。

四、经验启示

1.把焦虑的思绪拉回现实中

心理学中常说："抑郁指向过去，焦虑指向未来，当下是身心合一的状态。"小圆的焦虑状态就是来自对未来的担心，因此，咨询师通过一系列关于当下问题的提问将该生的关注点拉回到现实，让该生在现实层面找到可以努力的方向。这样的行动指南对于缓解该生的焦虑情绪有很好的效果。

2.遇到确诊心理问题的学生建议及时转介

该生在医院有确诊焦虑症，同时还有社交恐惧，而且已经出现一些躯体化症状。初步判断，该生这时需要长程且专业的心理咨询，因此，对于咨询师来说，及时将该生转介到专业心理咨询中心或医院心理咨询科是更明智的做法。

案例五　专业认同低时留在现在专业还是转专业？

　　咨　询　师：时南

　　来访者情况：小南，大一学生

　　主　要　困　惑：希望转专业到中文专业，但是难度很大，对于未来生物
　　　　　　　　　教师的职业发展没有动力

一、背景信息

　　　　小南，18岁，男生，大一，师范生，班长，组织班级活动很积极，由于学业成绩忽然下滑而出现厌学情绪。经了解，他平时热情主动帮助同学，生物理科课程的学习能力较差。虽然学习很努力，但是成绩不理想。他希望转到中文专业，但是难度很大。问题聚焦于转专业能否成功，如果不成功，他对于生物老师的职业发展没有努力的动力。

二、咨询过程

第一阶段：建立有效的咨询关系

　　与小南交流目前自己所处的状态，让小南能够认识并接纳自己的情况；与小南一起探讨职业目标与现实的区别与共同之处，即转专业不成功，对于未来成为生物教师的生涯规划。

咨询师：你好，请坐！请问今天想要谈点什么？有什么需要我们一起讨论解决的吗？

　小南：老师，我觉得很迷茫。我喜欢中文专业，对于生物科学专业的学习感觉很难，

我对实验课提不起兴趣，不想去上课，成绩也不理想。我想转专业到中文。

咨询师：你对自己的喜好分析得很清楚。转专业是可以申请的，但是在申请之前要弄清楚为什么转专业、怎么转专业、转专业不成功应该怎样应对？我想听听你对后面两个问题的考虑？你先思考一下。

第二阶段：帮助小南进行生涯规划

  结合转专业的目标与实现困难进行探讨，深入分析转专业成功与失败的利弊，帮助小南了解自己在原专业的接受能力。根据小南生活与学习的客观表现，挖掘积极因子帮助小南进行正向的自我激励，并根据小南的兴趣和理想，帮助小南进行生涯规划。

咨询师：想好了吗？想好了可以开始聊聊你的想法了。

小南：想好了。转专业的事情，我问过学导，他们给的建议是先了解中文专业的课程，修读一些中文专业的课程，对于转专业面试有帮助。但是也了解中文是热门专业，每年都有很多人报名转专业，可名额有限。其次就是转专业不成功，这个方面我没有想好，如果转专业不成功，那就只想拿到毕业证吧。

咨询师：好的，看来你还是做了很多功课。能从有经验的学导那里获取经验，也了解到了转专业的风险。如果转不成功，就算不喜欢生物科学专业，也知道毕业很重要，这些都说明了你在转专业这件事情上很理智。

小南：谢谢老师的肯定。

咨询师：现在我们基于已经了解情况的基础上，再探讨一些其他方面，比如转专业的可能性，还有转专业不成功后留在原专业的学习计划。你觉得可以吗？

小南：好的，老师，但是这些方面我可能还不是很清晰。

第三阶段：进一步探讨

  与小南探讨转专业的可行性，以及如果留在原专业学习，应该制订怎样的学习计划，并付诸实践。

咨询师：……（介绍如何使用乔哈里视窗模式❶）你觉得这个模式可以操作吗？容易理解吗？

小南：我觉得可以，老师。

咨询师：那我们将主要问题集中在转专业这件事情上，来进行填写。

小南	自己知道	自己不知道
别人知道	开放区 1. 生物科学专业学习能力较差，成绩也不理想，但是不会挂科 2. 不喜欢生物实验 3. 喜欢写作，但是没有文章发表之类的 4. 对转专业流程有一定的了解	盲点区 1. 做事有耐心 2. 对待他人友好 3. 生科相对于中文专业，相对简单 4. 中文专业可以大学期间进行辅修 5. 绩点较差影响转专业的成功概率
别人不知道	隐藏区 做事没有自信心	未知区 中文到底是否适合自己

咨询师：通过填写内容来看，你有什么想法？

小南：老师，我觉得转专业成功的可能性没有那么大，而且自己能否学好中文专业还是未知。但是在生科专业继续学习，顺利毕业应该没有问题。

第四阶段：回顾咨询过程，巩固咨询效果

进一步强化正面认识，讨论计划的可行性并根据咨询的动态过程进行适当的修正，帮助小南正确认识转专业成功与失败的认知，以及对生物教师的职业认可，对其提出一定的鼓励与激励。

咨询师：小南，你刚刚总结的部分我非常认同。首先去尝试、了解转专业绝对没有问题，最重要的是你对转专业不成功后明确知道自己是可以在生物科学专

---

❶ 乔哈里视窗（Johari Window）是一种关于沟通的技巧，也被称为"自我意识的发现——反馈模型"。在中国管理学实务中通常将其称为沟通视窗，它使人们通过充分认识自我与他人，以促进互相的有效沟通。该理论是乔瑟夫和哈里提出的，他们把人的内心世界比作一个窗子，并将其分为 4 个区域：开放区、隐藏区、盲点区、未知区。

业顺利毕业的。这些都说明你对未来的选择已经做出了实际打算，而且有可行性。唯一的建议是，如果转专业成功，一定要好好学习，如果转专业不成功，也要认真对待生物科学专业的学习，而且你现在是大一，可以辅修中文专业。

小南：谢谢老师对我的肯定，感觉自信心提升了很多。自己也明确了在本专业学习的重要性，毕竟转专业成功的概率还是偏低的，我还是应该多花些时间在本专业的学习。如果转专业真的不成功，我想尝试一下辅修中文。

咨询后反馈

经过4个阶段的咨询后，咨询师帮助小南调整生涯规划，找到实践自己理想的可行路径，而且提高了实施的可能性，转变了该生把中文专业变为主攻方向的想法，可以选择辅修，提升了学生的学习动力。

三、案例分析

咨询师对收集到的来访者资料进行全面分析，引导学生制定转专业方案和应对方案。经过四个阶段的咨询，小南通过对自身情况详细的叙述、全面的分析、利弊的考量等，运用乔哈里视窗沟通模式，简要帮助来访者探索自我、认识自我，找准自己的定位，最终帮助小南梳理出对于转专业的认知，走出近期学业迷茫的困扰，和对未来发展的困惑。

四、经验启示

1.了解转专业的利弊

在上海，调档调剂的学生一般想要换专业有几种途径：退学重新参加高考、在大一下学期考插班生、校内转专业这几个路径。转专业对学生的大一绩点有一定要求，在绩点达标后，很多院校也会安排接下来的面试，面试通过后才能录取，而且是差额录取。因此，转专业也是有一定的成功比例的。

该生通过咨询师的引导，在想要转专业之前提前了解转专业的流程、自我探索等都是很有效帮助该生做好认知澄清的部分。咨询师问了一个很好的问题："如果转专业不成功，你怎么办？"这样既给了来访者策略分析，也让来访者知道万一不成功，至少要本专业顺利毕业。当该生把最好的打算和最坏的打算都思考过了，他转专业万一不成功，这样的结果他自己也能承受。因此要转专业之前，需要把转专业的相关细节、流程、利弊等都弄清楚，对于来访者接下来的生涯选择有益处。

2.转专业前的评估

　　转专业前要对自己平时绩点情况、往届转专业绩点要求、两个专业利弊的对比、专业设置、课程设置、自己的兴趣、擅长科目、未来就业发展方向等做全方位评估，再决定是否转专业，这样更稳妥。

案例六　如何做好社团与学习的时间管理？

咨　询　师：卢挚飞
来访者情况：小亮，大一
主要困惑：进入大学后报了5个社团，又要兼顾课程作业，觉得自
　　　　　己每天很忙，想要探索时间管理

一、背景信息

　　　　小亮，男，大一，理科专业，进入大学后每天忙于各种社团，感
觉自己特别忙。加上平时还要应对课程和作业，觉得自己很疲惫，有
点应付不来，想要探索如何进行时间管理，前来咨询。

二、咨询过程

咨询师：同学，你好，请问今天来咨询，你有什么想要探讨的话题？

　小亮：老师，您好，我觉得现在太累了，不知道要怎么平衡生活，感觉有点力不
　　　　从心，应付不来。

咨询师：可以跟我说说你现在学习生活的具体情况吗？

　小亮：我报了5个社团，每个社团都挺忙的，包括值班、活动、写策划等，现在
　　　　期中考试刚结束，我觉得应付学习还有社团已经力不从心了，感觉自己每
　　　　天都很疲惫、乏力，违背了自己的初衷。

咨询师：感觉到了你的疲惫和辛苦，一个人忙这么多事情，体量真的不小啊。

　小亮：是呀，最开始进社团是想要多接触更多优秀的学长，也想要了解多姿多彩

的大学生活，所以报了 5 个社团，但是现在觉得报的较多，每个社团都有部门会议，有时候活动还要策划、值班之类，觉得每天晚上都要忙到很晚。最近我在准备期中考试，每天都要熬夜学习，早晨又要早起上课，上课的时候觉得很困，头晕乎乎的，上课内容有时候也听不清。我觉得这样的状态不是我想要的状态。

咨询师：小亮辛苦啦，听起来你最近要兼顾学习和社团工作，又赶上了期中考试，所以体力和精力上觉得有点吃不消。

小亮：是的，老师，就是觉得特别累，这不是我想要的生活。

咨询师：那你有没有想过减少几个社团？

小亮：想过，就是不知道要减掉哪个。

咨询师：也许你可以根据自己的喜好进行筛选，人的精力是有限的，老师了解到大学生一般选择的社团数量在 1~2 个，5 个社团确实有点多。我们如果吃不消，就可以根据自己的兴趣减少几个社团，留 1~2 个，你觉得呢？

小亮：是的，我也在想现在的生活已经背离了我的初衷。

咨询师：嗯，那我们可以做一些断舍离。让生活节奏放慢些，人也会更舒服些。

小亮：老师，那我学习上怎么安排时间比较好？

咨询师：社团每天会占用多长时间？

小亮：大概 4 小时。

咨询师：那是蛮久的，如果把社团缩减到 1~2 个，你觉得每天在社团上要花多少时间？

小亮：1~2 个小时。

咨询师：如果社团数量缩减了，学习时间就宽裕很多了，至少不用熬夜了。

小亮：是的。

咨询师：学习上你觉得现在哪些学科有难度？

小亮：我觉得会计学和高等数学比较难，英语要考四级，现在也在背词汇。

咨询师：那你觉得这几科每天需要学多长时间才够？

小亮：需要3小时吧，高等数学的作业加上网络课程的学习，还有英语背单词，还是需要花些时间的。

咨询师：大一上学期你们没有晚课，下午放学吃完晚饭，你觉得大概几点可以学习？

小亮：大概下午6点吧。

咨询师：好的，那你准备怎么分配这三科的学习时间？

小亮：会计学和高等数学需要每天看视频，我一般都是晚上看。这样，感觉晚上再看英语，时间不太够用。

咨询师：那是否可以把背单词放在早上？

小亮：可以的。

咨询师：那可以早上背英语单词，晚上学习另外两门学科。这样安排，晚上时间就会比较充裕，就算加上社团活动，时间也不会太紧张。

小亮：这样应该不用熬夜了。

咨询师：经过刚才的分析，你是否感觉时间管理会轻松些呢？

小亮：好多了老师，我感觉胸口一块大石头放下了，轻松了很多。

咨询师：很好啊！在大学里我们可以随时调整自己的状态，感觉学习生活的节奏比较紧凑时，我们就适度地做些断舍离，然后把学习模块的时间规划好。

小亮：好的，老师。我觉得现在清晰多了，之前感觉一片混乱，也不知道从哪着手，现在感觉有些方向了。谢谢老师！

咨询师：不客气，那我们今天就到这里。

三、案例分析

该案例中，小亮把自己的学习、社团时间安排得过满，以至于自己每天需要熬夜完成，精力体力都跟不上，觉得身心疲惫。咨询师通过让来访者做减法，把5个社团保留1~2个，将时间腾出来，然后再通过规划学科学习时间的具体方法帮助来访者梳理时间模块。

四、经验启示

1.选择大学社团的合适数量

初入大学后，很多大一新生对新环境产生好奇，因此，在报名社团活动时没有节制，报了很多，随后发现自己的精力跟不上，从而影响学习、休息的时间，形成恶性循环。因此，首先让来访者意识到1~2个社团的数量是比较合适的。

2.学习时间的分配

进入大学后，学习完全是自主的，这与初高中完全不同，这时候可以根据学科特点分配学习时间。英语单词记忆、诵读可以安排在清晨，像会计学、高等代数、数学分析等难度高一些的学科可以安排到晚上的整块时间学习。

案例七　进入大学想要自己挣生活费要怎样实现?

咨　询　师：卢挚飞

来访者情况：小勇，大二

主　要　困　惑：进入大学后想要自己挣生活费，不知道要如何着手

一、背景信息

　　小勇，男，大二，理科专业，进入大学后觉得找父母要钱不好意思开口，希望自己能有些经济收入，又不知道如何着手，前来咨询。

二、咨询过程

咨询师：同学你好，请问今天来咨询，想要探讨什么?

　小勇：老师你好，我想要挣钱，很想挣钱，但不知道要如何找资源，想请教下老师。

咨询师：别着急，我们一起来探讨，能具体说说你想要挣钱的想法吗?

　小勇：好的，老师。我来自一个小城市，我家是普通家庭，爸妈都是打工人，家庭收入一般，父母每个月会给我固定的生活费。比起我老家，上海的消费挺高的，有时候我们男生也会出去聚聚餐。而我的生活费每个月是固定的，有的月份花钱超出生活费时，我不好意思再找父母要钱，所以，想着能否打工挣点零花钱。不过我不知道打工的途径，想要咨询您。

咨询师：好的，我了解你的想法了，我觉得你想要有些经济收入，想要独立是非常好的事情，也说明你长大了。在大学里，除了学习外，学生是可以通过自

己的业余时间做些兼职或者实习来获取一定的经济收入的。老师先问下你，你大四毕业后有什么打算？考研出国还是直接就业？

小勇：想要直接就业吧。

咨询师：那有思考过具体就业的方向吗？

小勇：咱学校是金融院校，我就想着毕业从事和金融相关的行业。

咨询师：很好啊，你的目标还是很清晰的。问你规划，主要是想了解你的想法，看看在大学打工挣钱这件事是否可以和你的未来职业规划联系起来。

小勇：好的，老师。

咨询师：在大学里挣钱有几种常用方式：做家教、做兼职、进企业实习等。如果只是想挣零花钱，做家教、兼职都是我们可以选择的方式。我们完全可以利用平时周末或者晚上的时间进行。实习需要至少一个月的长程时间，比如寒暑假或者平时在没课时一周去几次。所以要看看你具体有怎样的规划了。

小勇：我没有想过这么多，只想着能挣点钱就好。

咨询师：那你想大学几年都能持续赚钱还是只是暂时有些收入？

小勇：我还是挺想独立的，毕竟现在也长大了，父母工薪阶层挣钱不容易，如果我在大学能有些稳定的收入肯定是最好的，自己心里也感觉舒服些。

咨询师：看得出来你是很懂事有担当的孩子。

小勇：老师，那您说的这几种方式，具体都可以做些什么呢？

咨询师：做家教的主要学科就是语文、数学和外语，其他学科要看家长和孩子的需求。一般，家长会让我们带着孩子做作业或者讲题、预习复习等。通常，会找家教的孩子的学习主动性和自信心会偏弱些，所以，我们需要帮孩子找到他学习上的难点，帮他理顺思路，掌握方法，鼓励孩子，提升孩子的学习动力和积极性。做家教需要逻辑思维、表达能力、耐心等，频率是一般一周2~3次，如果有1~2个固定的家庭做家教，可以补贴些生活费。兼职一般是短期，比如肯德基、麦当劳这些按小时计算费用的兼职，周末可以去。不过这种工作没有太多技术难度，时薪不多。当然也有线上的兼职，但要谨防上当受骗。如果遇见让我们提前缴纳押金的单位，一定要慎重考虑，很有可能受骗。实习是比较锻炼人的，一方面通过长程的实习，我们可以看到社会的真实场景。我们在大学里以理论知识为主，实习可以让我们更好地了解社会、了解企业、了解需求，更好地帮助我们学习理论知识的应用。另一方面，为你未来就业工作做准备，通过实习了解工作中的具体流程以及工作中的人际沟通、与人协作等，这些经验对于职场新人特别重要。你的实习经验积累得越多，将来就业后的入职适应期就会越短，会更快地融入工作。实习的工资一般都是几千块钱，补贴生活费用完全没问题。

小勇：谢谢老师这么详尽地讲解，我大概知道其中的利弊了。听下来感觉如果我能找到实习是最好的，收入不错，同时也能为将来就业打基础。如果找不到实习，我想先做家教，我觉得我还是可以胜任给初中生或高中生讲课。老师，那家教和实习要如何找呢？

咨询师：我们学校有学生开发的找家教的手机软件，也可以问问辅导员是否有这样的资源。实习和兼职都可以通过同城网站、智联招聘、Boss直聘、大学生就业服务平台等方式投简历。

小勇：好的，老师。我回去先查起来。

咨询师：没问题的，你先查查看，行动起来。如果有任何问题，我们之后可以再探讨。

小勇：好的，谢谢老师。

咨询师：不客气。

三、案例分析

该案例中，小勇觉得自己已经成年，再找父母要钱不好意思，因此想要赚钱补贴生活费，咨询师引导他了解大学生经济收入的常用方式，家教、兼职、实习等。使小勇了解大学兼职实习的基本情况后，明确了他接下来的行动方向，并通过与未来就业方向的职业规划的结合，引导该生将实习与未来就业工作一同思考。

四、经验启示

1.大学兼职实习的途径

很多学生从小初高升到大学后并不知道自己要如何与社会接轨，也并不知道兼职、实习这些的社会实践方式的具体途径，这时候辅导员和生涯规划师老师们可以在大一、大二时加强学生对该方面的了解，给学生讲讲实习就业的招聘网站，包括正规家教兼职的获取途径等，同时告知学生在找实习兼职过程中要保证安全，避免因为经验不足被骗财物，这些内容可以帮助学生更早与社会接轨。

2.引导学生自力更生

对于家庭条件一般的学生而言，可以引导学生在大学期间保证学业顺利完成的基础上，勇敢尝试兼职实习，一方面可以有点经济收入补贴生活费，另一方面是锻炼自己的能力，积累经验。对于有时存在自卑感的部分同学，辅导员或者生涯咨询师可以根据情况多鼓励学生树立信心，自力更生。

2 —— 学业困惑篇 ——

案例一　英语短板的我要如何突破？

咨 询 师：卢挚飞
来访者情况：小雁，大一
主 要 困 惑：英语成绩差，要如何学才能突破

一、背景信息

　　小雁，女，大一，理工专业，英语基础薄弱，大一上学期英语挂科，很担心英语不能通过四级考试，担心会影响毕业，前来咨询。

二、咨询过程

咨询师：同学你好，请问今天来职业咨询，你有什么想要探讨的话题？

小雁：老师好，我英语基础挺薄弱的，老家那边的英语教育比不上上海，我大一第一学期的英语考试挂科了，挺着急的。我很努力，但不知道要如何提高英语成绩。我听学姐学长们说如果大四不能通过英语四级考试，就不能毕业，是吗？我听完更焦虑了，不知道要怎么办，老师能否帮帮我？

咨询师：小雁，你先别着急，老师今天帮你一起梳理。

小雁：好的，老师。

咨询师：你觉得自己英语现在哪些方面不太好？听力、阅读还是写作？

小雁：我觉得都不太好，尤其是听力，我基本听不懂。

咨询师：好的，我大概了解了，上学期的英语你是如何复习的呢？

小雁：我就是把书上的课后题做做。

咨询师：英语学习是个长期过程，不过英语不像数学这样的科目，英语是需要磨耳朵的。

小雁：嗯嗯。

咨询师：你现在其他科目学习得怎么样？都可以跟上吗？

小雁：其他科目我学得还可以，也花了挺多时间的，虽然成绩一般，但都及格了，而英语这次只考了40多分。

咨询师：好的，别着急，我们一起来做个英语提升计划吧。

小雁：好的，老师。

咨询师：首先，提升英语成绩需要时间，所以，现在你可能每天要抽出固定的时间学习英语，比如，早起一小时，或者中午，或者晚上找出时间，让每天至少要有固定时间学习英语，你觉得自己可以挤出来这个时间吗？

小雁：我可以的，老师。

咨询师：非常好，接下来可以买一套大学英语四级的试卷做练习，大学英语四六级考试的目的不是为了难住大家，历届试卷中都有一些高频词汇，所以我们可以先从高频词汇入手。

小雁：老师，那我需要背词汇书吗？

咨询师：这个方法老师并不推荐，如果你的英语基础薄弱，死记硬背会给你带来负担，而且不容易记住，你可以把词语放到语境中去记忆。比如你现在可以尝试做四级试卷，每周给自己一个目标。

小雁：老师，现在的书目我都看不懂，四级试卷对我来说就像天书一样，我根本看不懂啊！

咨询师：别着急，你刚开始做四级试卷肯定会觉得很难，只是我们做几次阅读理解后，你会发现有些高频词汇，然后就可以用本子记录下来。我们可以先做题目，这是重点。我们需要把不认识的，而且多次重复出现的词汇记录在本子上，这些词汇是我们需要去记忆的。而且这些词汇如果连着词组，我们也可以把词组同时记录下来。

小雁：哦哦，我了解了。

咨询师：英语学习要培养自己的语感，所以刚才说做题、记录高频词汇是第一步，练习说是第二步。每天抽点时间练习读英语课文，最好大声朗读，朗读就是我们建立语感的过程，每天找个固定的时间，10分钟或者15分钟，练习自己大声朗读。

小雁：好的，老师。

咨询师：第三步泛听，每天在上课的路上、吃饭的时候听英文歌曲，找几首自己喜欢的英文歌曲，试着把歌词背下来，然后跟着音乐唱，同时注意每句话的连读，学着音频中的连读唱下来，这是练习英语听力很好的方式。

小雁：好的，老师。

咨询师：第四步精听，每周找一个固定的半天时间，练习精听四级听力并默写，可以找一段四级听力，反复听，把自己能听出来的词汇尽量都写出来，不会的地方空出来，每一句听10~20遍，直到实在听不出来为止，然后再看答案，再跟着听。这个方法很慢，但是对提升听力特别有好处，老师在学生时代尝试过，很有效。

小雁：好的。

咨询师：第五步，背诵写作范文。背诵英语范文模板，通过背诵关联逻辑词组，让自己有写作的框架，写作文的时候可以按照这个框架去行文。

小雁：好的，老师。

咨询师：上述说的这些方法，你如果可以坚持半年，相信你的英语会有跨越式的提升，这些方法供你参考。

小雁：老师，我愿意尝试下，之前就是苦于没有好的英语学习方法，老师说的方法我觉得可行，当然也感觉到花费的时间较长，不过我愿意坚持看看。

咨询师：好的呀，今天的梳理，你觉得对于自己的英语学习有哪些帮助吗？

小雁：很有帮助的！我之前有点焦虑，因为不知道要如何才能提升英语能力，今天听老师说完，我觉得挺清晰的，明确了方向后就是要看我自己的努力了。

咨询师：好的呀，那接下来你买好英语四级真题后，每周给自己定个目标，比如每周完成一套题，还是半套题，然后再把时间分配到具体每天完成多少内容。这样的话，你的学习有计划，每周完成计划也会增强你自己的学习信心和动力。

小雁：好的，老师，我回去就尝试起来，谢谢老师。

咨询师：不客气。

三、案例分析

案例中小雁的主要问题是缺乏英语学习方法，因为没有好的学习方法，所以导致英语学习效果不明显，英语挂科又让小雁联想到英语四级不过会影响毕业，因此额外焦虑。咨询师在咨询过程中主要聚焦小雁的英语学习方法，帮她梳理适合她的英语学习方法，小雁有了具体的举措，接下来就有行动的方向了。

四、经验启示

1.找到来访者现实中的重难点问题

对于小雁而言，引起焦虑情绪的是缺乏学习英语的能力与方法，因此咨询师在了解小雁以前的学习模式之后，直接给出学习英语的方法策略，解决了小雁同学的核心问题。而这个问题引发的焦虑情绪，随着小雁回去开始具体行动之后，自然消除。因此咨询师要学习抓住来访学生的重点问题。

2.面对性格偏内向的大学生可以多给予方法和指导

小雁的同学性格偏内向，在咨询过程中发现她不是很擅长向同学求助，因此对于自己不太擅长的英语科目，她也不常向他人请教。因此这种情况下，咨询师可以根据她的实际情况和咨询师擅长的部分，给予对方一些方法类的建议。

案例二 如何从延毕危机中觉醒？

咨 询 师： 聂含聿
来访者情况： 小北，大四学生
主 要 困 惑： 厌学打游戏，有学业预警，有可能延毕

一、背景信息

小北，应用统计学专业，大四的学生，学习成绩较差，挂科累计10余门，平时有打游戏、旷课的情况，喜欢待在宿舍，且在宿舍不注意卫生，比如矿泉水瓶堆积了很多个。有学业预警，存在可能延期毕业的情况。

二、咨询过程

第一次咨询

咨询师：同学你好，请问今天想要跟我探讨什么话题？

小北：老师您好，我现在挂科太多了，可能会延毕，我有点担心。

咨询师：你现在具体学习情况怎么样，能跟我具体说说吗？

小北：我挂科10来门了，上大学后没好好学，哎……

咨询师：你在高中时候成绩怎么样？高考分数方便告诉我吗？

小北：老师，我高考500多分，高中成绩还不错，上大学后因为打游戏荒废了学业。现在我觉得好像醒悟得有点晚了，真没想到自己能到今天这个地步。

咨询师：你挂的科目都属于什么类型，专业课挂的多么？

小北：主要是专业课，尤其是数学这科，大一没学好，之后感觉越来越难，后面的内容感觉都学不懂了。我自己也感觉挫败，就不想学了。

咨询师：还有一年时间，我觉得还来得及，咱们一起看看还可以做些什么，好吗？

（小北点点头。）

咨询师：我们可以把目标分解一下。首先，你看这学期有几门课？这几门课通过的概率大不大？

小北：这学期有6门课，1门形势与政策，1门选修，其他都是专业课。我觉得形势与政策没问题，选修也没问题，就是专业课感觉没把握。

咨询师：那你的专业课是否可以向专业课学得比较好的同学请教请教？

小北：没有，这学期不想动，只想躺在床上，也感觉没啥意思。感觉人生就是这样的，没什么奔头。

咨询师：看来你对于自己现在的状态也不太满意，是吗？

小北：是的。

咨询师：我们想要把学习补上来，第一步可以先从"动起来"开始，身体先动起来，然后学习再跟上。如果你都不愿意起床，何谈拿起书学习呢。你觉得呢？

小北：是的，我不想动只想躺着的状态已经有一段时间了。

咨询师：给你布置个小任务，从今天开始先坚持每天运动，然后每天打卡。因为运动会改变人的状态，运动会分泌多巴胺、内啡肽等快乐因子。好久没系统学习了，我们现在先把自己的学习状态提起来，然后把"我怎么这么倒霉，我人生也就这样了，我可能会延毕"这类想法改成"我怎么可以不延毕，我怎么可以把这门课通过？我要怎么做可以在短时间内把过去的内容补起来？"

  小北：好的，老师，我试试看，已经好久没有运动了，我尝试下吧。

咨询师：另外咱们可以做个目标清单，把大目标具体化，比如这学期有哪些科目，哪些科目好过，哪些科目需要借助外力帮忙。我们先把这学期的课程弄好，然后研究下一学期有哪些重修科目，哪些课程会有冲突，哪些需要办理免听不免试等，你觉得可行吗？

  小北：好的，老师，谢谢，我回去试试吧。

第二次咨询

咨询师：小北你好，很高兴看到你今天准时到来！

  小北：老师好，上次咱说好的。

咨询师：你很信守承诺，这是很好的品质。

  小北：谢谢老师。

咨询师：看到你这周带来的运动打卡记录，老师真的很为你开心，因为你现在开始行动起来了，而且坚持了1周的时间，很不错！

  小北：谢谢老师的鼓励，谢谢您愿意信任我，我爸妈都不管我……

（小北默默低下了头）

咨询师：爸爸妈妈平时工作很忙是吗？

  小北：爸爸妈妈平时上班，我还有个妹妹，妹妹出生后，他们都在照顾妹妹，从来没有管过我……

咨询师：有了妹妹，你觉得爸爸妈妈对你的关注少了很多，是吗？

  小北：是的，我初高中都是自己安排学习，他们从来不管我、不问我……

咨询师：小北很独立，上次听你说高中时候成绩不错，你在高中时学习也没让家里操心过，是吗？

小北：嗯，我都是自己看书学的。

咨询师：很理解你的感受，也感觉你在学习路上的不容易。我相信你曾经可以靠自己很好地完成学业，现在你也一样可以，我也相信通过这一年努力，你可以拿到想要的结果！加油！

小北：谢谢老师（眼里有泪花）。

咨询师：不客气，我们一起加油！上次说到列清单，列出来之后，你现在开始有计划地复习了吗？

小北：有计划了，我每天都在看几个薄弱的科目，一共4门，现在先开始了2门的复习。

咨询师：非常好，我已经感受到你学习的节奏感了，你进入状态很快，这是老师非常开心看到的。那就按照自己的节奏复习起来，有时候祸福相依，正是因为曾经的你是靠自己安排学习，所以你学习的独立性和思路很清晰，这也是你现在这一年有可能迅速赶上节奏的资本，所以我们也要感谢曾经独立努力的自己。

小北：是的老师，我挺独立的，这次下定决心开始学习了，没想到挺顺利，还挺开心的。

咨询师：很好，接下来老师想带你做个内在自我的探索，我们来画一画自己的优势，把你的优势都画在一颗树上……

小北：好的，老师。

咨询后反馈

经过几次咨询后，小北可以做到每天运动打卡，也开始尝试把大目标缩小，且在咨询过程中，咨询师一直在鼓励小北，使其重拾按期毕业的信心。小北在经过一学期的努力后，第二学期开学初补考4门专业课全部通过，最后顺利毕业。

三、案例分析

有些同学进入大学后感觉忽然轻松了，很容易放飞自我地打游戏，刚开始只是熬夜打，后来逐步发展成旷课打游戏，再后来连出门都不想出去了，这样很容易就延期毕业了……案例中小北到了大四才意识到自己快延毕了，才想从游戏的虚拟世界中走出来，只是他很久没有学习了，想要马上进入学习状态需要一个过程，因此咨询师引导他先走出宿舍，运动起来，而不是像以前一样在宿舍打游戏，饿了点外卖，渴了点饮料。咨询师先让他养成动起来的习惯，再逐步引导他重拾信心开始发奋学习。

四、经验启示

1.进入大学后尽早确立新目标

"进大学就轻松自由了"是一句很流行的话，只是很多人不知道这句话竟然是个伪命题，因为大学才是追求自我成长、自我发展的开始。我们达成了高中的目标之后，进入大学要尽早树立新的目标，因为目标就像夜空中最亮的星，让我们不会在黑夜中迷失方向，不会害怕黑夜路上的障碍。我们专注朝着夜空中闪亮星星的方向走时，会自动忽略一旁的风景。哪怕目标是参加一个兴趣社团或者考一个专业证书，都会在大学期间起到引领我们前行的作用。

2.鼓励是一剂良药

小北是个较内向的男生，家里妹妹出生后，父母的关注点都在妹妹身上，而忽略了这个大男孩，当咨询师用鼓励赞许的语言夸小北时，他感受到一丝温暖。这份温暖就像一剂良药，支撑他克服最后一年的困难勇敢向前，因为这一丝温暖触碰到了他内心最柔软的地方，是一股强大的力量。每个孩子都需要被认可，不论这个孩子成绩好坏，每个孩子都需要被看见，因为渴望被看见是人的本性！

案例三　调剂入大学后躯体化症状明显要重新复读吗?

咨　询　师：梅凤娟
来访者情况：小贾，大一学生
主 要 困 惑：学习困难，想退学

一、背景信息

小贾，男，19岁，大一刚入学想要退学重新复读，可是又担心复读考得不如第一次，整日忧心忡忡，人也瘦了很多，出现厌食和失眠症状。

二、咨询过程

咨询师：同学你好，请问今天想要咨询探讨什么话题?

　小贾：老师我想退学，能和您聊聊吗?

咨询师：你可以说下具体情况吗?

　小贾：我其实大一进校一个月左右就想退学复读，因为这个专业对我而言太难了，我不感兴趣也学不下去。

咨询师：当时为什么没有选择复读呢?

　小贾：当时我爸妈不同意我的想法，让我坚持读下去，我拗不过他们，只能继续学这个专业，但是我越来越听不懂上课内容，有时候选择不去上课，在宿舍睡觉。

咨询师：那段时间的感觉怎么样？

小贾：每天都很煎熬，那段时间已经有点失眠了。

咨询师：父母知道你失眠的情况吗？

小贾：我和他们说了，但是他们觉得没什么。另外，我最近厌食的情况也比较明显，什么都吃不下。

咨询师：当时这个专业是你自己选的吗？

小贾：高考发挥失常调剂到了现在的专业，我本身对英语感兴趣。

咨询师：你和父母明确说过想要退学复读的决心吗？

小贾：说过，但是我也担心复读后考得不如之前，我爸妈也担忧这种情况发生。

咨询师：你如果不回去复读，能继续把目前的课程学下去吗？

小贾：很难，我其实有些后悔，到现在还是后悔没有回去复读。如果继续学习这个专业，我可能最后也是挂科。

咨询师：你是否尝试过跟父母沟通一下想法，重新高考是个重大事件，一家人可以坐下来坦诚聊聊，分析权衡下利弊，把你的真实想法都说出来，跟他们好好商量下。

小贾：好的，明白了。

三、案例分析

通过分析，求助者想要退学复读的想法很强烈，因为父母强烈不同意，孩子出现失眠和厌食的情况，加重了孩子的心理负担，再加上这种情况没有得到及时引导和调控，紧张焦虑的情绪一直持续。这种情况需要与父母仔细分析下利弊，很正式地沟通这个事情，否则该生内心一直拒绝现在专业，对于该生大学四年都会有影响。

四、经验启示

1.重视躯体化症状

所谓身心相连，心里的感受也会逐步转化成生理的感受。该生由于对调档调剂专业一直不喜欢，有抵触情绪，加上该专业课程难度较大，家长一直不同意复读，因此该生逐渐因为情绪上的"不接纳"逐步转化成身体上的"不接纳"——失眠、厌食等躯体化症状。如果家长不重视这样的情况，该生后面的躯体化症状有可能更严重，因此需要家长介入和孩子好好沟通接下去孩子的生涯选择。

2.专业选择的重要性

高考升大学选择专业十分关键，因此建议家长们和高三毕业生们一定要重视。在高校里看过好多案例的学生因为高考调档，调剂到自己不擅长又不喜欢的专业，大学四年学习很吃力，感受也很痛苦，甚至最后导致自己的信心泯灭，情绪崩溃，致使无法按期毕业。希望家长们可以知道，孩子大学只读四年，但是孩子的路要走一生，如果因为孩子在这四年学习了不擅长的专业，从而自信心受挫，很容易影响大学毕业后进入社会时的状态和心态。因此，在高考填报志愿时一定提前了解清楚。一定要结合孩子的擅长和兴趣点去选择专业！

案例四 游戏成瘾的我能否顺利毕业？

咨　询　师：卢挚飞
来访者情况：小灰，大二学生
主　要　困　惑：大一成绩不理想，挂科多门，不知道自己未来是否能顺利毕业

一、背景信息

　　小灰，女，大二，理工科专业，大一成绩不理想，挂科多门，不知道自己未来是否能顺利毕业，有些焦虑，前来咨询。

二、咨询过程

咨询师：同学你好，请问今天来咨询，有什么想要探讨的话题？

小　灰：老师好，我大一成绩挺差的，不知道以这样的成绩将来是否能毕业，上大学后我学不进去，什么都不想做，有时候只想打游戏混混日子，但是现在成绩出来了，我有点害怕了，不知道该怎么办，老师我很痛苦。

咨询师：小灰，你先别着急，我们一起来理理思路，两个人总比一个人的力量大。

小　灰：好的，老师。

咨询师：可以跟我说说你进入大学后的情况吗？

小　灰：我来自偏远的农村，初中高中成绩都还可以，我家里还有个妹妹，我上学以后，家里的重点就放在妹妹身上了。初高中我能正常学习，但是不知道

为什么进入大学后，我反而没有学习动力了，每天什么都不想做，就想待在宿舍打游戏，打完游戏正常睡觉、上课，日子就这样一天天地过去了，直到辅导员找到我，说我现在的成绩不太理想，成绩处于班级倒数的名次，我忽然就慌了，不知道未来能不能毕业，如果不毕业我可以做什么？虽然担心，但是我还是没有行动力，我也不知道我想要什么。

咨询师：进入大学后你有没有去参与学生社团组织吗？比如学生会、班委或者其他社团？

小灰：没有，我上大学后挺少跟同学交流的，也不知道要和大家说什么，感觉没有什么话题可以说。

咨询师：那你平时除了上课、睡觉，都做些什么？

小灰：一般下课回去就是打游戏。

咨询师：每天大概打多久游戏？

小灰：4～5小时吧。

咨询师：打游戏的时间有点久。

小灰：嗯。

咨询师：那你有没有思考过为什么要读大学？

小灰：没有，就是和大家一样，按部就班。

咨询师：那毕业后，你有什么打算？

小灰：挣钱工作吧。

咨询师：那现在的成绩可以顺利毕业吗？

小灰：有难度，所以我有些着急了。

咨询师：那你希望自己将来顺利毕业，有份工作可以养活自己吗？

小灰：希望。

咨询师：那我们可以先把目标定为顺利毕业，你觉得呢？

小灰：嗯。

咨询师：我们未来无论从事什么工作，首先要和其他同学同一批次一起毕业。如果
　　　　因为成绩不好而导致延期毕业，我们心里可能会接受不了，你觉得呢？

小灰：（点点头，没有说话）。

咨询师：大学之前我们可能没有思考过为什么学习，有些高中老师也会说等我们上
　　　　了大学就解放了、自由了，今天老师想跟你探讨的是，我们大学是否可以
　　　　为了自己而努力下？方便问问你，当我们沉浸游戏时有什么体会感受吗？

小灰：玩游戏的时候什么都不用想，我游戏打得还不错，也会有种成就感，游戏
　　　一结束就觉得自己又要回到现实了，有种失落感。

咨询师：游戏的有些设计是心理学专家一步步研究的，设计的游戏环节会有跌宕起
　　　　伏，也会有引导，所以我们进入游戏世界后容易难以自拔，这是正常的。
　　　　只是我们有没有思考过，玩着玩着游戏一年就过去了，如果我们没有节制
　　　　地玩，一转眼到了大四，我们还得面对现实，这时再准备学业内容就都晚
　　　　了。所以，我们大一可以给自己一年时间让自己适应大学生活，只是现在
　　　　我们需要清醒一下，开始思考下未来了，你觉得呢？

小灰：点点头，老师我也想要好好学习，就是现在做不到，我不知道我除了打游
　　　戏每天还可以做什么。

咨询师：你今天能来咨询，说明你已经进步了。别着急，我们一起来探讨下接下来
　　　　可以如何做，好吗？

小灰：好的，老师。

咨询师：首先，我们现在把目标定为顺利毕业，这是大学里的长期目标，接着我们再看看短期目标我们可以做些什么。你大一都挂了哪些科目？

小灰：英语、高等代数、数学分析这些。

咨询师：这些科目补考没有通过对吗？

小灰：对的。

咨询师：好的，那我们这学期的科目你觉得难度大吗？

小灰：我现在听不懂专业课，英语以前学得还行，之前挂科是因为考试没有复习。

咨询师：那我们可以先争取把这学期的科目多通过一些，不给自己拖后腿，然后在这个基础上，期末多复习之前挂的科目，争取过一科是一科，你觉得可以吗？

小灰：可以的。

咨询师：我们再来分析，如果我们平时每天晚上回去要打4～5小时的游戏，但现在要同时学习这些科目，你觉得每天晚上可以给学习分配多长时间？打游戏要缩减多长时间？

小灰：打游戏我缩减到1～2小时吧，剩下的3小时留给学习，可以吗？

咨询师：当然可以，非常好啊！这就是你现在为自己负责，为自己将来顺利毕业所做的具体努力啊！游戏可以适当玩，只是如果到了成瘾的程度，就不是我们想要看到的了。

小灰：嗯。

咨询师：我们再来分析各科目需要分配的时间，如果我们每天有3小时来学习，你觉得这3个小时要如何分配？

小灰：每天用1小时时间完成各科作业，再用半小时学习英语，另外用1.5小时学习专业课。

咨询师：很好的时间分配，你的逻辑思维很强！那这1.5小时你具体准备如何学习专业课呢？

小灰：我现在不太能听懂专业课，大一落下太多了，我先上网找些专业课的教学视频看起来，然后跟着一起做做题，把基础巩固起来。

咨询师：很好。我觉得你的规划很可行呢。既然你已经开始有计划了，接下来可以先实践起来，我们就按照你说的计划进行，只是这次学习我们不为别人，只为自己，为自己的未来而努力，你赞同吗？

小灰：好的，老师。

咨询师：老师相信你可以为自己的将来完成学业弄好！加油！

小灰：谢谢老师。

咨询师：那我们今天先聊到这里，下次你可以再预约下，我们一起来看看你的进度如何，好吗？

小灰：好的，老师。

三、案例分析

小灰进入大学后失去学习动力，每日沉迷于网络游戏，对生活没有兴趣，大一结束发现自己成绩很差，担心自己现在的成绩能否顺利毕业，开始着急了。咨询师引导该生重新梳理目标，并告诉该生"要为自己而活"，这句话戳到该生的痛点。咨询师引导该生回归现实，让该生意识到每天4～5小时的打游戏时间过长了，同时引导该生树立改变现状的长期目标和短期目标，通过每天减少游戏时间，增加学习时间，将目标具体化，让该生确定每天3小时要如何分配，让该生找到现实的着力点，从而引导该生尝试改变。

四、经验启示

1.游戏成瘾的背后都是逃避现实

游戏之所以有魅力，是因为在游戏里可以获得现实层面不能获得的成就感，而且很多设计游戏的公司聘请心理专家来参与设计，游戏流程都是设计得符合人性心理规律的，因此玩游戏很容易成瘾。然而，游戏成瘾的背后是逃避现实，这时候咨询师可以摆出长期游戏成瘾的后果，让当事人意识到问题的严重性，同时帮助当事人探索游戏成瘾背后的心理机制是什么，从而合理看待游戏成瘾。

2.拉回游戏成瘾的学生并做未来生涯规划

游戏成瘾的学生长期处在每天浑浑噩噩打游戏的状态，如果只是让他们意识到打游戏的危害，并不能帮他们走出"怪圈迷宫"。需要给他们现实的指导，通过树立长期目标和分配具体时间，让他们根据自己的节奏逐步回到现实。因此，需要帮助他们一起设计走出来的第一步，并建议他们进行至少4次的长程咨询，帮助他们把新的学习习惯建立起来，他们才会逐步走向正轨。

咨　询　师：梅凤娟
来访者情况：小李，大四学生
主 要 困 惑：学业困难，对未来不知所措

一、背景信息

　　小李，男，大四。父母离婚，母亲已改嫁，目前和父亲偶有联系，父子关系很淡。该生比较内向，喜欢在宿舍打游戏，很少与别人沟通，最近接到学校学业预警，可能面临毕不了业的情况，因此开始失眠，不知道自己该怎么办。

二、咨询过程

第一次咨询

　　小李：老师，您能帮帮我吗？

咨询师：先不要着急，能和我说说具体情况吗？
　　小李：我今年大四了，但是还有很多课程没有通过考试，很后悔之前没有好好学习，一想到我毕不了业找不到工作就很焦虑，不知道该怎么办。

咨询师：关于学业方面的问题，你联系过老师吗？
　　小李：我昨天刚问了，如果想顺利拿到学位证和毕业证，只有通过所学课程的考试，达到相应的绩点才可以，可是像高等数学这类课程我已经重修了2次还是没有通过，我已经绝望了。

咨询师：是因为课程本身太难的原因吗？

小李：其实是我自己的原因，高考刚结束，我父母就离婚了，我当时很难过，以为是自己考得不好让父母丢脸造成他们离婚，后来我才知道他们早就有了矛盾，只是怕影响我高考，才一直没有告诉我。

咨询师：父母离婚，对你造成了很大打击是吗？

小李：这件事对我打击很大，进入大学的时候，我的高考分数在班级排名前10，但是我一想到父母离婚就觉得自卑，想通过打游戏这种方式引起父母对我的关心，哪怕批评也好，但是他们熟视无睹，我觉得自己被抛弃了。从此，我沉溺游戏，也不去上课，渐渐地就跟不上课程了。

咨询师：你现在想做些改变对吗？

小李：是的，自从母亲改嫁后，我和父亲生活在一起，我也渐渐从他们离婚的阴影中走了出来，我想毕业后找一份工作。

咨询师：你是个好孩子（给予表扬和肯定）。

小李：可是我现在毕业都很困难，我一下慌了，不知道该怎么办。因为这件事，我已经失眠好几天了，有时候梦到自己毕不了业，被我爸追着打，吓得我从床上坐起来。

咨询师：日常生活中，你爸爸对你严格吗？

小李：自从他们离婚后，他对我就很严厉，我只要一回到家，他就开始批评我，听到我成绩不好，还气得打过我，所以我基本上很少回家，一年可能回去一次。

咨询师：如果假期不回家的话，你会选择做什么呢？

小李：在宿舍打游戏，也不去找实习。

咨询师：那你的生活费来源呢？

小李：如果没钱了，我就打电话给我爸让他给我转钱，如果不给我转钱，我就周末去做兼职，会有点生活费。

咨询师：可不可以理解为大学这几年，你基本上都是打游戏度过的，社交也很少？

小李：是的，我很少和室友说话，说得最多的一次就是现在和您的这次对话。

咨询师：谢谢你对我的信任。

小李：可是我毕不了业，拿不到学位证和毕业证，我就找不到工作了，我很害怕。

咨询师：如果不是因为学业问题，你毕业后想做什么呢？

小李：我好像从来没有考虑过做什么，只要有份工作，有公司愿意要我就行。

咨询师：除了前面提到的周末兼职，你做过实习没有？

小李：没有，寒暑假都荒废了。

咨询师：我们先不要气馁，想办法一步步解决问题。首先是学业的问题，这学期是否还有重修的课程？

小李：这学期有两门重修，下学期还有两门重修。

咨询师：咱们这学期尽量不要打游戏，认真把这两门课程通过，如果实在想打游戏，就去操场跑步放松，转移一下注意力。下学期再努力把剩下两门课程通过。

小李：老师，我通过不了，对于我来说太难了。

咨询师：上海现在针对高校毕业生有征兵入伍的政策，你如果体检通过，能够顺利入伍，对于学业困难的学生有一定的扶持办法，可以去学校了解一下。

小李：好的，老师，我回去再考虑考虑。

第二次咨询

小李：老师你好，我来了。

咨询师：你好小李，一周没见，你现在怎么样？

小李：上次和您聊过之后，我回去仔细思考了一下，也了解了学校的征兵政策。比较下来我觉得征兵更符合我，我和我爸聊了我的想法，他很支持我，我已经在准备报名材料了。

咨询师：太好了，你已经明确了自己的方向。

小李：其实我很后悔，之前浪费了太多时间，没有任何实习经验，现在就想着尽可能弥补。

咨询师：过去的已经过去了，虽然有遗憾，接下来好好为征兵做准备吧。

小李：谢谢您，如果不是上次向您咨询，我现在可能还是处于失眠的状态。

咨询师：不客气。

三、案例分析

本案例中的小李由于父母离婚给小李带来的伤害，进入大学后状态不好，无心学习，沉溺游戏，收到学校的学业预警后意识到问题的严重性，想办法弥补但是无计可施，在咨询师的建议和小李自己的综合考虑下选择了参军入伍。后续我们也了解到小李成功参军，也在学校的帮助下完成了相应的课程学习。

四、经验启示

心理学研究表明，原生家庭对个人的性格、行为、心理起着决定性的作用，并且是长期、深远的影响。近年来离婚率越来越高，有的城市的离婚率远超现在的结婚率。对于孩子而言，父母离异是一场灾难，因为孩子经常会怀疑是不是自己做错了什么，才导致被抛弃。对于父母而言，若真是为了孩子好，不如好好学习夫妻相处之道。即使决定离婚，也请提前做好孩子的思想工作。

案例六 想做科创项目要如何准备?

咨 询 师：卢挚飞
来访者情况：小董，大二
主 要 困 惑：看到周围同学都在准备各种科研竞赛，自己也希望参加
　　　　　　一些科研项目为自己未来做准备，不过不知道要如何着手

一、背景信息

　　小董，男，大二，理工科专业，看到周围同学都在准备各种科研竞赛，自己也希望参加一些科研项目为未来做准备，不过不知道要如何着手。

二、咨询过程

咨询师：同学你好，请问今天来咨询，你有什么想要探讨的话题？

小董：老师好，我大一一年属于平稳度过，考试都通过了，成绩中等，最近我看周围同学都在准备各种科研竞赛，都在为自己的事情忙碌着，我忽然觉得心里空空的，想着要不要也准备科创，为自己积累奖项。不过现在我不太清楚要如何开始，想来请教您。

咨询师：你有思考过为什么想要做科创吗？

小董：我也问过自己这个问题，也思考过自己是不是只想跟风，是不是看大家在准备什么才要准备？后来我想了下，觉得自己还是希望在大学有些积累的。

咨询师：好的，老师问你这个问题就是希望你明确自己现在准备科创是跟风，还是自己有意愿。你的回答很明确，说明你已经想清楚了。科创对于提升我们的思维能力很有益处，如果在大学期间多参与科创，对大四写毕业论文也有助力，因为思路相近。

小董：是的老师，我想在大学期间留下些努力的痕迹。老师，我一点做科创的基础都没有，现在准备来得及么？

咨询师：你现在大二，准备起来还来得及，等到大三大四你要忙着准备未来规划，时间就越来越少。现在这个时间点准备科创刚刚好。

小董：老师这样说，我就放心多了，不然我还担心是不是太晚了。

咨询师：不晚的。首先，你要知道，现在都有哪些常规的比赛，比如挑战杯、互联网＋、创新创业大赛，这三个都是每年常规的比赛。其次统计与数学专业的同学也会参加美国数学建模大赛等专业性较强的比赛，还有些比赛你可以自己上网搜索。第一步先查查这些比赛的时间，然后选择一个比赛作为开始。

小董：好的，老师，我回去查起来。

咨询师：第二步，你需要组个团队。一般有两种组团队的方式，第一种就是你自己当组长，然后找几个有共同意愿的同学一起参与。第二种是你可以找科创做得比较好的同学或者学长，加入他们的团队。第一种更锻炼人，因为作为组长需要统筹，所以成长会更快些。第二种方式可以帮助你快速上手，让你知道成熟的项目都是如何孵化出来的。

小董：好的，老师，那选题如何选呢？

咨询师：第三步的选题非常重要，直接决定你们这个项目是否能参与到最后。你们可以关注当下的社会热点话题，结合自己的专业，看看有没有感兴趣的切入点。如果我是评委，我会关注那些结合当下热点、当下国家政策等有建树的题目，因为这样的题目对于社会发展有参考性、有贡献性，可以解决社会问题，这样的题目更有价值和意义。你可以先选择一个赛事，然后看下历年获奖的题目，从中看出专家们关注的重点内容有哪些，对于你确定选题有一定的参考性。

小董：对的，老师说得有道理。

咨询师：第四步配合协作。你们要有明确的团队分工，确定每个人具体做些什么，每个人该如何发挥自己的长处协力完成项目。如果这个项目基本只有你参与，其他人只是挂个名，那你接下来的任务会很重，效率也会受影响，所以大家加入项目组后要有明确的分工安排，这样才是有效的团队协作。

小董：好的，老师，要找些志同道合的小伙伴。

咨询师：是的，所以着手科创并没有我们想象得那么难，先行动起来吧。

小董：好的，老师，谢谢您啦，我先回去查查相关资料。

咨询师：不客气。

三、案例分析

该案例中，小董目标很明确，希望大学期间可以参与科创项目，咨询师直接给予科创方面的思路和行动指导，使小董了解大学生科创的类型、参与方法、组队、选题等相关内容。小董对接下来的行动就有方向了。

四、经验启示

1.好的提问可以帮助来访者了解自己的真实动机

咨询师开篇直接问"为什么想要参与科创"，当来访同学回答原因的时候，他自己也在重新梳理思考，看看自己是不是跟风，还是有自己的内在动机，这样可以避免盲从，节省宝贵的时间。

2.大学生多参与科研科创项目对思维提升很有益处

首先，参加科研科创对于锻炼大学生逻辑思维是个很好的方式，在科创过程中锻炼自己宏观思维与微观思维，对于未来进入工作岗位进行项目跟进很有帮助。其次，科创是对自己能力的证明。当参与的科研科创获奖了，学生会积累自己在大学的"成功事件"，这对于提升学生的自信心很重要。最后，科创对将来撰写毕业论文是很好的践行。参与过科创写过项目书，将来再写毕业论文时会更轻松，会在大四时节省出来更多的宝贵时间完成其他重要事宜。

3 —— 人际关系篇 ——

案例一 在宿舍被孤立如何沟通化解？

咨　询　师：梅凤娟
来访者情况：小E，大一新生
主 要 困 惑：内向，人际沟通困难

一、背景信息

　　小E，男，18岁，大一新生，不仅品学兼优，能力出众，各方面表现非常优异，在班级和学生会都担任重要职务。然而小E时常在同学面前炫耀，导致同宿舍的几位室友开始慢慢疏远和孤立他。现在，室友们几乎不和他说话，有时候他主动和室友搭话，他们总是说些酸溜溜的话来刺激他。为此，他感到十分痛苦，心理压力越来越大，特别是在宿舍时，不知道如何与室友相处。

二、咨询过程

第一次咨询

咨询师：你好同学，请问今天想要咨询什么话题？

　小E：老师，我最近很苦恼。

咨询师：可以具体说说你的情况吗？

　小E：进入新学校后，我很高兴能当上班长，同时我也成功入选学生会干事，这让我觉得自己很成功。但是自从我当了班长，我觉得室友们嫉妒我，不愿意和我说话，连关系比较好的室友也与我疏远关系。

咨询师：你能够选上班长说明你真的很优秀，班里同学对你很信任，成功加入了学
　　　　生会，也是对你能力的肯定。

小E：谢谢老师。

咨询师：你刚才提到你认为室友们嫉妒你，不愿意和你说话，是从什么时候开始发
　　　　现的？

小E：就是最近这周。

咨询师：你试着回想一下，你们之间是不是有什么误会或者其他原因？

小E：让我想想……可能是有时候老师和学生会布置的工作多，我忙到比较晚，
　　　影响到室友休息了，但是我已经尽量把声音降到最低了。

咨询师：还有其他方面吗？

小E：还有……我好像在宿舍炫耀过自己做班委和竞选到学生会，还说竞选很简
　　　单之类的话，当时有两个没有被选上的室友也在。其实当时说完我就有点
　　　后悔了。

咨询师：你和他们有谈过这个事吗？

小E：没有，我觉得都是室友，没必要谈论。

咨询师：他们现在和你的关系怎么样？

小E：很疏远，基本上没有交流。

咨询师：你觉得有没有可能是你当时说的话伤到他们了。他们也是在努力竞选，积
　　　　极向上变得更加优秀，而你的话否定了他们所做的努力。在当时的情境
　　　　下，他们需要的是室友和同伴的鼓励，而不是打压和嘲讽。

小E：确实是我的问题，我没有考虑到室友的心情，事后也没有及时解释。

咨询师：这件事给你的生活带来哪些影响吗？

小E：因为和室友的关系变僵，我最近压力很大，想和室友解开矛盾，但是又担心他们不理我，晚上经常失眠。

咨询师：建立良好的宿舍关系对于大学四年的生活和学习至关重要，你希望缓和与室友的关系吗？

小E：当然了，我一直想化解这个误会，我觉得室友关系很重要，我们从不同的地方相聚在同一所学校、同一间宿舍，真的是很难得的一件事。

咨询师：可以试试积极主动沟通，主动承认自己是无心之言，没想到会伤害到他们，你要真诚地向室友们表达你内心的想法。

小E：谢谢老师，我今天回去就行动。

第二次咨询

小E：老师，我来了。

咨询师：你好，小E，距离上次见面已经一周了，最近怎么样？

小E：很感谢老师您上次的建议，我最近和室友关系好多了。

咨询师：感觉你比上次来的时候轻松了很多，最近休息好吗？

小E：我最近不怎么失眠了，虽然有时候会很忙，但是和室友的关系缓和了。

咨询师：可以和我聊聊你是怎么做到的吗？

小E：当天回去之后，我鼓足勇气在所有室友面前向那两位室友道了歉，同时也向其他室友表达了我之前做法不当的歉意，他们表示不会放在心上，但我还是觉得没有完全化解隔阂。后来在班级团日活动的时候，我们以宿舍为单位进行拔河比赛，这次比赛让我们的关系更近了一步，后来我就建议宿舍集体活动，我们之间的关系日益融洽了。

咨询师：你做得很好，你有勇气且真诚，而且能够举一反三，想到更多好办法。

小E：谢谢老师，我从网上搜集了一些宿舍集体活动，我发现宿舍问题很常见，最主要的就是室友要相互包容、理解，所以这次也让我学会了很多。

咨询师：老师要为你点赞，经过这次，老师能明显感觉到你的成长，相信对你以后处理各种困难和挑战会是一段很有用的经验。

小E：再次感谢老师。

三、案例分析

对比前后两次谈话能够发现小E的明显变化。第一次谈话通过发现和分析问题，小E能正确认识自己的问题所在。并且在听取咨询师的建议后，小E积极主动和室友交流，互相敞开心扉进行沟通和解释，逐步化解心结，让室友和同学感受到小E的真诚。其次，通过开展宿舍集体性活动和班级团建等活动，展现宿舍成员的团结协作能力和合作精神。第二次谈话，小E能够清晰地发现人与人之间的相处之道，以及如何处理人际关系，这对小E以后在大学期间的学习和生活都非常有帮助。

四、经验启示

1.引导学生学习换位思考

宿舍关系是大学人际关系中重要的一环。如何引导学生处理宿舍矛盾，采用适当的方法为学生排忧解难，需要咨询师一直不断进行探索。该案例中，咨询师引导小E换位思考，多站在他人角度思考问题。很多学生都是独生子女，如果初高中没有住校经历，容易缺少和同伴朝夕相处的经验，因此宿舍生活也是大学生练习朋辈沟通的好时机。

2.引导学生学习积极主动沟通

大学生的生源来自五湖四海，室友有不同想法是正常的，案例中优秀的小E在同学面前展示自己引起了室友的反感，因此在宿舍关系中感到不舒服从而引起失眠等躯体化症状。在咨询师的引导下，小E逐步认识到自己的问题，并主动和室友沟通，化解人际危机，相信这样的经历对于小E来说也是一次成长，对他以后和他人交流沟通会有很大借鉴。

案例二　遇到误会引起的同学矛盾怎么办?

咨　询　师：梅凤娟
来访者情况：小范，大三学生，性格开朗
主　要　困　惑：宿舍矛盾，宿舍关系

一、背景信息

小范，大三，性格开朗，所在的宿舍是6人间，6位同学来自全国不同的地方，性格、生活习惯也大不相同，相比其他4人，小范和小王一直关系不错，经常分享一些零食和日用品。两人渐渐地因一些小矛盾而产生不和，关系也出现了裂缝。

第一件事情：小范和小王位于相邻床位，两床位之间有一定的间隙，刚开始小范把一些个人物品放在空隙当中，后来小王也把背包放在空隙当中。由于小范每次开下面的柜子门时都会把小王的背包弄倒，偶尔一次两次小王也没有放在心上，但是次数多了，小王就认为是小范故意弄倒她的电脑包，而小范也没有说明原因。

第二件事情：小王心爱的耳机找不到了，突然有一天在课堂上看到小范的床上有一个和自己一模一样的耳机，小王很生气地把耳机拿回来了。小范晚上发现自己的耳机不见了，看到小王耳朵上的耳机后问他为什么拿走耳机。小王一下子跳起来，是你先拿了我的耳机。小范坚持说没有拿，小王不相信，两个人便不再说话。此外，小王联合其他室友慢慢孤立小范，甚至最后相看两厌，两人关系变得更加紧张。

小范觉得自己很委屈，前来咨询。

二、咨询过程

咨询师：同学你好，请问今天来想要谈什么话题？

　　小范：老师，我最近正经历宿舍矛盾，很痛苦。

咨询师：可以和老师具体说说吗？

　　小范：我和小王关系一直很好，有一天我突然发现我的耳机在她的耳朵上，我很生气，问她为什么拿我的耳机，她却说这个耳机是她的，我觉得十分莫名其妙，接下来她带着宿舍其他人一起排挤我，我很难过。

咨询师：听上去你受了很多委屈，是吗？

　　小范：是的，老师。

咨询师：现在你们关系怎么样？

　　小范：在宿舍没有任何交流，关系比较紧张。

咨询师：你每次开柜子门时都把小王的背包弄倒，这件事为什么不解释呢？

　　小范：我以为我们关系很好，所以不用解释。

咨询师：关系紧张的原因其实并不是最近的一两件事情导致的，而是日积月累的小矛盾造成的。越是好的关系越需要说清楚，如果一开始能解释清楚，你们的矛盾可能不会延续到现在。宿舍矛盾看似浅显，但日积月累后会造成关系紧张。

　　小范：有几次我想主动和小王说话，但被拒绝了，后面她找我说话，我也没有理她。

咨询师：打破矛盾关系需要有一方主动和对方交流，你们之前的关系还不错，如果尝试把误会说清楚，关系还是能得到缓和的。

小范：我不知道要如何开始。

咨询师：或者你是否有找辅导员聊过。
小范：还没有。

咨询师：我们也可以找辅导员聊聊，看看他是否可以帮忙解决，你觉得呢？
小范：好的，老师。

经辅导员介入，辅导员通过班干、同学侧面掌握矛盾宿舍的基本情况，再分别认真倾听矛盾双方的想法，对矛盾产生的原因、范围及程度等信息做出综合的判断，在此基础上进行矛盾的调解并制定相应的措施。最终小范和小王的关系得到缓解，小范也不再提出换宿舍的要求。

三、案例分析

当代大学生的年龄基本是"00后"，不太懂得换位思考，女生一般敏感细腻，在遇到矛盾时，价值观及个性差异很容易使原本的小摩擦演变为大问题。同时，大学生来自全国各地，风俗习惯、地域性差异等都在一定程度上强化了大家的个性。这也导致他们在出现问题后容易找他人毛病，认为其他同学理所当然应该包容理解。

四、经验启示

加强集体意识的引导。现代社会家庭条件整体优于过去，学生在家里集万千宠爱于一身。尤其是那些没有住校经验的同学，初入大学时不太懂得如何与同龄朋辈协同相处。尤其是在宿舍，这里是每个大学生起居的地方，相当于半个家。来自五湖四海的陌生人忽然住在一个小"家"里，每个人的生活习惯和个性都不同，难免出现摩擦。这时候需要大家彼此包容，有问题相互沟通，毕竟宿舍是我们最放松的地方，如果宿舍矛盾没有处理好，很容易影响情绪、学习和生活起居状态。因此，家长、辅导员和班导生可以多引导大学生们在大学里逐渐培养集体意识。宿舍既是我们休息的小家，同时又是整个宿舍同学的公共大家，因此大家都要找到一个平衡点，达成一致，求同存异。

案例三 宿舍关系紧张如何化解？

咨　询　师：梅凤娟
来访者情况：小华，大二学生
主　要　困　惑：宿舍矛盾，焦虑

一、背景信息

　　小华，男，大二学生，性格比较内向，不愿意与同学沟通。他在微信朋友圈宣泄对室友的不满情绪，被室友看到后发生了争吵，导致宿舍矛盾，和室友间的关系紧张。某天深夜，他给辅导员发消息，提出换宿舍，换宿舍的原因主要有两个：一是和室友作息习惯不一致，如中午午睡、晚上就寝时间均较晚；二是性格方面与室友有较多不合，与室友沟通时容易吵架。小华心情很烦躁，前来咨询。

二、咨询过程

咨询师：同学你好，请问今天想要跟我探讨什么话题？
　小华：我有些问题想和你聊一聊。

咨询师：可以的。
　小华：我很烦躁，想换宿舍。

咨询师：能说说原因吗？
　小华：我的室友经常打游戏，影响我学习和休息。

咨询师：你和室友聊过这个问题吗？

小华：之前提醒过他们，但是没有用，我就不再提了。

咨询师：也就是说没有和他们讨论过对吗？

小华：是的，不想和他们讨论。

咨询师：为什么呢？

小华：都是成年人，应该有这个自觉，我觉得不需要提醒。

咨询师：除了这个，还有其他事情影响到你吗？

小华：室友不及时倒垃圾，导致宿舍味道很大。

咨询师：和室友说过吗？

小华：说过，但他们没有改，就不想再提了。因为我通过微信朋友圈宣泄了对室友打游戏的不满，室友知道后，也不和我说话了。这让我很焦虑和紧张，不想和室友的关系变成这样，也因此经常失眠，觉得自己做错了。

咨询师：你想改变和室友的紧张关系吗？

小华：很想，我试着和室友说话，但感觉室友不想和我说。

咨询师：关于打游戏的问题，你有没有考虑主动和室友进行面对面的谈话，当面讨论如何解决？否则他们不知道因为打游戏影响到了你，倒垃圾的问题也是如此。

小华：我觉得我还是要主动和他们进行沟通，不然解决不了问题。

咨询师：非常好，看到你主动想解决这个事情，老师很为你开心。接下来我们可以探讨下你想要如何沟通？

小华：首先为自己发朋友圈的事道歉吧，这本来是宿舍的事，发在朋友圈让大家都看到了，彼此也下不来台。我会尽快删除那条朋友圈。

咨询师：思路不错，很好！

小华：再就是跟大家探讨个睡觉时间吧，超过这个时间宿舍就不要打游戏了，否则影响我的睡眠，导致第二天上课没精神，我就会很烦躁。

咨询师：这个点考虑得也不错！

小华：然后说，既然话都说开了，大家以后还是好兄弟。

咨询师：很好，现在想到这些对策，你有没有觉得心情好些了呢？

小华：好像不那么堵了。

咨询师：很好，那你回去就用刚才说的方法试试看吧。

小华：好的，老师，谢谢啦。

三、案例分析

宿舍矛盾最终爆发往往是因为室友之间缺乏心平气和的沟通，导致误解被放大，最终造成争吵。男生遇事容易冲动，情绪上头了容易缺乏理智而造成问题进一步恶化。小华和室友出现隔阂时，没有过多地进行面对面交流，而是通过朋友圈发泄，使矛盾被激化。咨询师引导小华思考如何去沟通，就是在帮助小华建立沟通的思维方式。案例最后，小华主动沟通道歉，与室友关系得到缓和。

四、经验启示

1.网络也是有安全监管之地

当代大学生生活在一个网络高度发达的时代，因此，从小就习惯了通过QQ、微信和微博等方式进行沟通交流或表达情绪。比如，有些同学习惯在微信等平台发布自己心情的好坏。现在网络也有监管，如果在网络上公开侮辱他人，是要受到法律制裁的，因此，建议大学生们慎重表达负面情绪，尤其是对直指姓名地谩骂或侮辱他人的行为要慎重，否则会因为一时冲动酿成不良后果。大学生基本成年，在网络上说的任何话都要承担法律责任。

2.大学生需要加强人际沟通训练

笔者之前处理过几起学生宿舍矛盾，当问到他们遇到矛盾如何沟通时，他们的回答是"用QQ沟通"，当时听到这样的处理方式很令我震惊。沟通效率从高到低的方式依次是面对面、视频、语音，沟通效率最低、效果最差的方式就是文字沟通。而当学生面临宿舍矛盾时，第一反应竟然用效果最差的沟通方式，这也反映出这些大学生在面对人际冲突时的处理方式不够成熟。因此，大学生可以有意识地练习沟通表达，助力将来适应社会。

案例四　换宿舍是解决问题的最优选吗?

咨　询　师: 梅凤娟
来访者情况: 小沈,大二学生
主　要　困　惑: 宿舍矛盾

一、背景信息

　　小沈,女,大二学生。最近苦恼于想换宿舍,但是宿舍几人不同意她换进去,小沈还是坚持想进这个宿舍。她原本是这个宿舍的,之前为了另一个好朋友搬离这个宿舍。但是,现在两人闹掰了,小沈就想回到原来的宿舍。不过原宿舍的同学都不想接受她住进去。小沈很困惑,不知道该怎么办,前来咨询。

二、咨询过程

小沈:老师,我很苦恼。

咨询师:能和我具体说说吗?
小沈:我的原室友不欢迎我回去,可是,我想回到原宿舍。

咨询师:你当时为什么从原宿舍离开?
小沈:我的好朋友在另外一个宿舍,我想和她一起玩,所以就搬过去了。但是后来我们俩闹掰了,我在那个宿舍很孤独,所以想搬回原宿舍,但是原室友不想让我搬回去。

咨询师：你去问过为什么不想让你搬回去吗？

小沈：其中一个室友说我当时为了好朋友一声不吭地搬走了，现在不能接受我回来。

咨询师：那其他人呢？

小沈：其他人不知道从哪里听说的我在外面说原室友们的坏话。

咨询师：你有说过吗？

小沈：说过，我只是背后吐槽而已，他们也可以说我呀。

咨询师：你觉得自己这样说合适吗？

小沈：我也很委屈，我觉得我没有错。

咨询师：老师可不可以这样理解，你当时为了自己没有考虑过室友的感受就搬走，现在也不顾室友的感受要搬回去，对吗？

小沈：是的。

咨询师：如果你的室友同意你搬回宿舍，之后你会不会为了自己的友谊又搬离宿舍？

小沈：可能吧……

咨询师：你站在室友的角度考虑，你能接受吗？

小沈：好像不能。

咨询师：还有一个问题，你和你的好朋友背后吐槽室友，让你的室友间接知道了，你没有意识到这样不合适吗？

小沈：我好像不应该说室友的坏话。

咨询师：你会和好朋友吐槽室友，说室友的坏话，有一天你的好朋友也会觉得你会说她的坏话，我相信没有人会乐意接受的。

小沈：我知道了，老师。

咨询师：人与人之间需要换位思考、相互尊重和包容，每个人都会有不足，但是我们要有一双善于发现美的眼睛。

小沈：老师，你说得对，我之前只考虑自己，我暂时不换宿舍了。

三、案例分析

在大学里，宿舍可以说是我们的另一个家。来自五湖四海的每个人，有着不同的家庭结构、家庭教育方式、成长环境和文化认同。在原生家庭里，父母会迁就你的情绪，但是在宿舍里，更多的是需要彼此包容，互相尊重。室友之间遇到问题一定要开诚布公地说出来，不要隐忍，更不应该背后吐槽。因为不公开地表达很容易让人产生误解。同时，每个人要学会审视自己，及时改正。

四、经验启示

遇到宿舍矛盾，有些大学生第一反应就是换宿舍，但换宿舍并不是他们的第一选择，而是实在想不到别的办法。换宿舍可以解决某类问题，不代表新的问题不会来，所以，相当于治标不治本。我们真正需要的是将来有能力应对社会不同类型、不同性格的领导、同事和客户，因此，面对冲突矛盾的解决能力、抗挫力和协调力等才是我们在关系矛盾中锻炼自己不断成长的地方。

案例五　失眠引发人际冲突要怎么办?

咨　询　师：衣红梅
来访者情况：小T，大三学生
主 要 困 惑：因焦虑引发宿舍矛盾问题

一、背景信息

　　小T，女，大三，在班里默默无闻，没有参加学校的学生组织。本学期刚换校区，重新分了宿舍。临近期末，因为与室友作息时间冲突导致睡眠受到影响，小T几次与室友沟通，双方一直无法达成和解，矛盾愈演愈烈。来访的小T有些邋遢，头发毛躁，披散着，整个人无精打采，表情明显不悦，希望能够通过更换宿舍来解决问题。她因焦虑烦躁，前来咨询。

二、咨询过程

咨询师：小T，你好，今天你看起来有些疲惫，是没有休息好吗?

　小T：是的。室友熄灯后还在看书，而我的睡眠很轻，这让我翻来覆去睡不着。

咨询师：这样的情况多久了?

　小T：从这学期搬校区，换了宿舍到现在。

咨询师：你跟她们交流过这个问题吗?

　小T：这还需要说。我上床就是要睡觉了，她们还开着灯。

咨询师：所以你没有跟室友说过你的苦恼?

小T：我们之间不怎么说话。

咨询师：和其他三个室友都不怎么说话吗?

小T：是的。必要时还是说的。有的时候实在受不了了，我就会说："我要睡了，
把灯关了。"

咨询师：她们也是用这样的语气和你说话的吗?

小T：她们不会回答我。

咨询师：所以，你遇到的这个问题，目前除了我们两个，你没有和其他人提起过。
室友也不清楚你的烦恼。你和她们的交流习惯用命令式语句，内容主要是
不得不说的要求，我这样理解对吗?

小T：是的。我觉得她们应该知道我要睡觉了，是故意不关灯的。我跟她们说过
很多次了，她们还穿着拖鞋来回走，声音很大。

咨询师：你有想过用什么办法解决这个问题吗?

小T：最近要考试了，我实在睡不好，所以找了辅导员。

咨询师：情况怎么样?

小T：辅导员跟她们讲了我的要求，如果晚上熄灯后一定要看书，尽量到走廊或
者不会影响我休息的地方看书。同时建议我白天尽量选择在教室或者自习
室看书，需要就寝和洗漱的时候再回宿舍，减少和室友的矛盾和摩擦。

咨询师：你觉得问题得到解决了吗?

小T：作息时间冲突的矛盾可以得到缓解，但是宿舍里的人处成这样的关系，我
觉得很难受，还是很想换宿舍。

咨询师：室友间互不说话，让你很难受，所以，你想跟她们有说有笑？

小T：也不是。不说话挺好的，没有什么矛盾。

咨询师：所以，让你感到痛苦的不只是作息时间产生的冲突，也不是宿舍氛围问题，那到底是什么让你觉得这个宿舍这么压抑呢？

小T：她们三个中，一个不怎么在宿舍，另外两个是一起的。因为之前的矛盾，现在总是感觉有点不舒服，特别想换个宿舍。而且，她们一到期末的时候就睡得特别晚，都熄灯了还在看书，我根本睡不着。

咨询师：如果换了一个宿舍，会有什么样的情况呢？一定会更好吗？

小T：好像也不一定，但是我想试一试。还有两年就毕业了，最后一年是实习，大家也不怎么在宿舍，所以只能花一年的时间适应新的室友，坚持一下应该不难。最主要的是，她们翻书的声音很大，让我睡不着。

咨询师：所以，你睡不着的时候，情绪很崩溃。那这种情绪里更多的是愤怒还是什么呢？

小T：有愤怒，有着急，也有焦虑吧。

咨询师：她们能提供你安静的睡眠环境之后，你还会因为什么情绪睡不着呢？

小T：（沉默）……

咨询师：所以，换宿舍的事，你不是一时兴起，是已经认真考虑过了？

小T：对。可能会遇到不好相处的室友，但是忍一年也就结束了。我不去招惹她们，她们应该也不希望有很多矛盾。我离她们远点，心里也不会那么着急。

咨询师：所以，你知道大家都不希望生活中有很多矛盾。你也有察觉到心里的着急，但似乎只因为自己着急而阻止她们复习的话又没什么道理。所以，你只能选择眼不见心不烦的办法——换宿舍。如果你真的换了宿舍，另外的三个人或者五个人之间已经很熟悉了，你作为一个陌生人加进去，有没有考虑过可能面对的困难？

小T：有可能她们已经有自己的圈子了。我也不在乎，我只是想有个睡觉的地方，不影响我休息就行，白天我也不在宿舍。

咨询师：所以，如果你换了新的宿舍，你打算怎么做呢？

小T：尽量不影响别人。

咨询师：你能尽量体谅别人的心情和处境真的非常不容易，毕竟你已经忍受着睡眠不好的折磨。是不是我们也可以问问新室友有没有宿舍规定，避免一些不必要的冲突。

小T：嗯。

咨询师：原来宿舍的同学应该是你的同班同学吧？

小T：对，一个班的。

咨询师：你会不会担心如果你换宿舍，整个班级都知道了。

小T：班里人肯定都会知道。不过我已经受不了了，她们爱说什么说什么吧。

咨询师：看来你真的是非常不容易，而且非常勇敢地准备面对能够想到的和想不到的各种困难。接下来，你打算怎么做呢？

小T：我准备找辅导员，请她帮帮我。

咨询师：祝你成功！希望你的焦虑可以得到缓解，睡眠也可以越来越好。如果需要，还可以继续来找我。

小T：谢谢老师，我心里好受一些了。

三、案例分析

小T因为考前焦虑导致失眠，但她自己并没有意识到这个问题。而是将宿舍发生的琐事聚集在一起，为离开宿舍找理由、凑证据。她的问题应该是如何积极地应对积压的焦虑，而不是扩散到人际关系为自己增加新的难题。但是由于小T目前的自我状态不足以支撑其做行动上的自我促进，只能求助于环境的改善，为自己的改变提供动力。

四、经验启示

进入大学高年级后，学生们的问题由适应性问题逐渐转移到了个人发展问题，专业学习和职业发展成了很多高年级学生面对的主要难题。由于现实问题的迫近，很多学生不免会在内心产生焦虑的情绪，而大部分学生因为忙于眼前事，而忽略了这只"灰犀牛"。当群体的焦虑产生冲突，就成了大家不得不直面的大事件。当我们敢于直面焦虑的时候，我们离压力的疏解也就近了一步，相信小T会帮助自己战胜眼前的焦虑，迎来一片清朗。

案例六 一个垃圾桶引发的宿舍矛盾

咨　询　师：梅凤娟

来访者情况：小高，大二学生

主要困惑：宿舍矛盾，人际沟通

一、背景信息

　　小高，男，大二学生，自从大一入学以来与室友老乡小李一直关系要好，有共同的话题和饮食习惯，小高和宿舍的另外两人关系很淡，甚至不说话。近期小高和小李两人因为一个垃圾桶产生了隔阂，导致关系紧张，前来咨询。

二、咨询过程

咨询师：同学你好，请问今天想要咨询什么话题？

小高：老师，我现在遇到了一些问题，不知道该怎么解决。

咨询师：能具体和我说一下吗？

小高：我之前和室友小李一直关系很好，几乎是形影不离，吃饭上课都是结伴一起，但是小李有一个习惯我忍受不了，就是他不注重个人卫生，从来不打扫宿舍，他自己的垃圾桶也从不清理，导致宿舍很乱，尤其是夏天，味道很重。一开始，我们几个室友还会顺手帮他清理垃圾，但是时间长了，大家都受不了。我和室友之前提醒过他，他口头上回复得很好，但是从来没有付出实际行动。前两天我实在忍受不了了，就生气地和他说，能不能把垃圾倒掉，否则我搬离宿舍，这地方没法住了，没想到小李直接说让我滚，让我尽快搬走。我当时很生气，这几天直接搬到隔壁宿舍了，我们的关系也越发紧张，再也没有说过话。

咨询师：能感受到你的气愤与无奈，你接下来有什么打算？

小高：刚开始的两天我很生气，觉得他不讲兄弟情分，但是我现在想的是如何缓解和他的紧张关系，毕竟还在一个班级上课。

咨询师：你能够主动提出想缓和同学关系，老师十分赞许。你有尝试过缓和的办法吗？

小高：我试着主动喊他一起上课，但他不理我，我和他说话，他也是爱答不理。我觉得很难忍受，我已经放低姿态了，他还是不搭理，我觉得这就是他的不对了。

咨询师：你现在觉得这些对你的生活和学习造成了影响是吗？

小高：是的老师，这种状态让我很难受。以前我们关系好的时候，都觉得很幸运能遇到一个好朋友，现在因为这件事会觉得很烦躁，见面也不说话，形同陌路。

咨询师：搬到隔壁宿舍，你觉得有什么变化吗？

小高：新室友都挺好的，大家都很讲卫生，但是基本上各忙各的，很少沟通，不会有什么交流。

咨询师：相比之前的宿舍，你觉得新宿舍好还是原来的宿舍好？

小高：没有好与不好，还是更喜欢之前的宿舍，觉得更适合我。

咨询师：调换宿舍并不能真正解决问题，那么，你是否愿意主动找小李聊聊呢？

小高：我愿意，但是没有这种可能性，我前面也尝试过和他打招呼，但他没有搭理我。

咨询师：如果你是小李，你觉得他会如何评价你？

小高：我知道我自己也有缺点，性格执拗，容易冲动，不太理解其他人。

咨询师：有没有可能，你当时冲着小李发火的时候，他正遇到什么事情，他会不会觉得你没有考虑他的感受？

小高：（沉思了一会）好像是有什么事。

咨询师：遇到问题我们可以试着先沟通，如果一种沟通方式不起作用，可以换个方式，比如寻求其他室友的帮助。

小高：我和其他室友也不熟。

咨询师：你们是因为缘分才有机会在同一宿舍度过大学四年时光，你觉得要不要珍惜这份难得的兄弟情？

小高：确实，我之前很多做法都不对，以自我为中心，不会主动和室友沟通。

咨询师：所以，我们要不要试着做些改变。

小高：谢谢老师，我回去之后先缓和与小李的关系，同时维系与室友们的关系，主动沟通，遇到事情要学会正确的处理方式。

三、案例分析

案例中小高和室友因为生活中的一件事令室友关系紧张。如果要建立长远和睦的宿舍关系，还需要积极地沟通，在协商基础上形成共同认可的宿舍制度与沟通模式。小高的内心强烈渴望和室友和好，只是苦于没有合适的方法。

四、经验启示

当代大学生很多都是独生子女，在人际交往方面容易以自我为中心，遇到矛盾建议大学生要学习换位思考，更妥善地处理人际关系问题。

案例七　分手后相互诋毁造成人际困扰要怎么办?

咨　询　师: 梅凤娟
来访者情况: 小李, 大二学生
主要困惑: 恋爱, 人际沟通

一、背景信息

　　小李, 男, 18岁, 大二学生, 形象气质好, 学习名列前茅, 开学不久与张同学相识并很快确立恋爱关系。恋爱期间, 有一位外地的女性朋友小L同学到学校给小李送食物, 被小李女友撞见, 造成误会。此外, 两人在恋爱期间曾多次因为生活中的小事产生分歧, 小李不想继续这段恋爱关系, 提出分手。女友就到处说小李人品不好, 导致小李在同学中的口碑不好, 小李很困扰, 前来咨询。

二、咨询过程

咨询师: 同学你好, 请问今天想要探讨什么话题?
　小李: 我有问题想请教一下老师。

咨询师: 没关系, 你说。
　小李: 我之前谈了一个女朋友, 分手之后她四处说我的坏话。

咨询师: 能和我说一下具体情况吗?
　小李: 大一刚进校不久, 我和小张相识并确立了男女朋友关系, 但是有一次我的外地朋友给我寄了些食物, 我没和小张说, 被她发现后就造成了误会, 解释了她也不听。但这只是个导火索，其实我们经常会因为一些小事情吵架，我觉得这不是长久之计，也影响我的学习，于是我提出了分手，她也同意了，但是分手后她在同学间四处说我的坏话，导致我和同学们的关系紧张，尤其是班里的女同学。

咨询师：你知道这件事后，有采取什么解决办法吗？

小李：我当时很生气，她说我的坏话，我就在朋友圈说她的坏话，导致我们现在剑拔弩张，想要保持最基本的同学关系都很难。

咨询师：现在，你那条朋友圈还在吗？

小李：还在的。

咨询师：我建议你尽快删除。

小李：好的，可是她也在朋友圈说我的坏话，比如"脚踏两条船"之类的很难听的话。

咨询师：你能和我聊聊你们恋爱这段时间的关系吗？

小李：我们谈恋爱时相互关怀，有时我没时间吃早饭，她会给我送到宿舍，我生病时，她会主动给我买药。

咨询师：听起来恋爱的时候，你们关系很温暖，你觉得她是一个怎样的人？

小李：她是一个很好的女生，我们确实存在一些误会没有及时说明白，我本身性格也很内向，导致关系越来越紧张。

咨询师：如果想处理好这段关系，你有什么打算呢？

小李：经过这段时间，我发现如果只是一味地相互诋毁，可能我们最后连普通的同学关系都没办法维持，我觉得还是要和她好好聊一聊。

咨询师：你说得很棒！不光恋人之间有矛盾，朋友之间、父母之间也会因为观点的差异或者是用词不当等问题而引起矛盾，这都是十分正常的。

小李：虽然我和她分手了，但是我还是想维护彼此间的同学关系。

咨询师：你能这么想太好了！正确的恋爱观应该相容互补，相互尊重，相互学习，取长补短，满足需要，共同发展，要正确地认识自我、完善自我、发展自我，使恋爱成为一种慎重、理智成熟的选择与行为。

小李：谢谢老师，我回去后会和小张主动沟通，化解矛盾。

咨询师：另外，在网上发表负面言论不可取，尤其是一些侮辱或诽谤他人的言论，故意传播虚假信息等更是犯法的，情节严重的还将构成侮辱罪。有问题要积极想办法解决，而不是逞一时嘴快，就长远来看，不利于矛盾的解决。

三、案例分析

针对小李的情况，咨询师引导小李将事情的经过实事求是地诉说出来，从多方面了解事件的起因、经过，对事件发展的全过程要做到心中有数，逐一解释、解决，让二人能够从对话中了解彼此内心的真实感受，绝不是各自私下里盲目地、带有情绪地在网络上发表一些不好的言论。

四、经验启示

大学生由于年龄及社会阅历的原因，心理还未完全成熟，在一些问题的处理上缺乏正确的方式方法，如果不能及时有效地处理和解决这些冲突与矛盾，会严重影响日常的学习、生活以及学生心理健康。因此，在大学期间可以加强恋爱方面的引导，同时要加强大学生网络素养教育，倡导文明用网、文明上网，遵守相关的文明使用守则，既尊重他人，也保护好自己。

案例八　长相平平的我会拥有自己的爱情吗？

咨 询 师：卢挚飞
来访者情况：小雨
主 要 困 惑：恋爱问题，自我成长

一、背景信息

小雨，女，大一，文科专业。进入大学后，发现身边同学陆续开始谈恋爱，自己也很憧憬恋爱，不过又觉得自己长相普通，产生了自卑和焦虑情绪，前来咨询。

二、咨询过程

咨询师：同学你好，请问今天来咨询，你有什么想要探讨的话题？
　小雨：老师您好，我一直犹豫今天要不要来，真的什么话题都可以探讨吗？

咨询师：很感谢小雨的信任，在大学生涯发展中的问题我们都可以探讨的，不用有负担，有什么困惑说出来我们可以一起想办法解决。
　小雨：好的，老师，我就是有点不好意思开口。

咨询师：没关系的，说出来我们讨论讨论。
　小雨：老师，我想谈恋爱了，不过这个话题有点不好意思聊。

咨询师：你这样的青春花季，想恋爱是正常的事。

小雨：上大学后我发现我两个室友现在都谈恋爱了，我身边很多朋友也恋爱了，我忽然觉得自己也向往谈恋爱了。不过我又觉得自己长相很普通，想到这就觉得将来能否找到男朋友都是个问题，自己又觉得很沮丧，也很着急，心情很复杂。

咨询师：很感谢你的信任，愿意跟老师探讨恋爱的话题。大家上大学时基本是18岁，正好成年了，这个时间点想要恋爱是非常正常的心态。因为我们生理、心理都发展到了一定阶段。

小雨：我就是觉得谈到这个问题有点害羞。

咨询师：没关系的，这都是我们成长成熟的过程。老师关注到你对于自己的相貌不太有信心是吗？

小雨：是的老师，我觉得我的长相很普通，不知道将来是否能找到男朋友。

咨询师：老师想问问你曾留意过你小学、初中或高中同学的妈妈们吗？你可以回忆下，她们都很漂亮吗？

小雨：没太留意过，不过有印象的妈妈们有的长得很漂亮，有的长得一般。

咨询师：这些妈妈们都已经结婚生子，她们不一定都长得漂亮，是这样吗？

小雨：好像是的。

咨询师：那你觉得谈恋爱是不是也是这样的道理呢？谈恋爱的女生都是漂亮的吗？

小雨：好像也不是，也有长相一般的女生恋爱了。

咨询师：这样看来，我们觉得自己长相一般就不一定找到男朋友的观点是不是也不那么绝对？

小雨：好像也是。

咨询师：老师再问你一个问题，你觉得两个人成功谈恋爱除了长相外还有哪些因素？

小雨：性格要合得来，或者有共同的兴趣爱好。

咨询师：你说得非常好，两个人谈恋爱，长相是影响因素之一，但不是全部的影响因素，性格、兴趣爱好、价值观、缘分等都可能是两个人谈恋爱的影响因素。

小雨：是的老师。

咨询师：说到这，你是否感觉自己的容貌焦虑缓解些了呢？

小雨：是的老师，老师说了这些后，我现在感觉没有之前那么焦虑了。

咨询师：非常好！老师还想问你一个问题，你觉得新娘都漂亮吗？

小雨：我觉得结婚时候新娘都很好看啊。

咨询师：那为什么新娘一般都比较好看呢？

小雨：因为会给新娘化妆啊。

咨询师：说得很好，新娘会化妆，化妆后会修饰我们的面部轮廓，使我们面部优势更突出，同时会遮掩我们的面部劣势。随着我们将来参加工作、逐步社会化的过程，我们有了独立的经济基础，也会发现自己对于打扮、化妆、穿衣等审美在逐步地提升，每个女生也都会慢慢漂亮起来，你觉得是这样吗？

小雨：是的老师，化妆后女生会更漂亮。

咨询师：所以，逐步社会化是个过程，化妆、穿衣打扮等都一样，需要一点点来，逐步建立自己的风格。

小雨：懂了老师，我会一点点学起来的，衣品属实需要一个积累的过程。

咨询师：很好，老师再问个问题，如果你想要找个好的恋爱对象谈恋爱，接下来可以为自己做些什么呢？

小雨：要提升自己，让自己变得更好，也可以匹配更好的人。

咨询师：说得非常好啊！很佩服你的悟性，我们在逐步提升自己的过程中，也会遇见同样层面的人。如果我们希望遇见一个可以一起成长、一起进步的伴侣，相信对自己一生而言是莫大的幸事。如果想找一个一起成长的男朋友，一起前行，我们也需要提升自己，同时我们也要在人际沟通方面加强练习。成为男朋友的前提是先成为好朋友，这就需要我们平时逐步练习与异性沟通。

小雨：老师，我平时不太敢和男生说话，一方面觉得没什么可聊的，另一方面觉得不太好意思。

咨询师：是的，所以说我们需要先练习和异性自然地、正常地沟通交流，遇见兴趣、价值观等方面比较契合，就可以逐步成为朋友，然后可能发展成为男朋友，你觉得是这样的逻辑吗？

小雨：是的，老师。但我没想到过这个方面。

咨询师：没关系的，我们一起探索，总归人多力量大。现在你觉得这个咨询，有缓解焦虑感吗？

小雨：好多了老师，我觉得我知道自己接下来要做什么了，我对于容貌也没有那么自卑了，很感谢老师。

咨询师：不客气。

三、案例分析

该案例中，小雨的主要问题是想要恋爱，又有容貌焦虑，同时又羞于表达自己的困惑，咨询师通过引导让小雨看到大学生想要谈恋爱是正常合理的，以缓解小雨的羞涩感。随后咨询师通过提问的方式让小雨看到恋爱并非只有外貌这一个因素。同时女生还可以通过化妆提升颜值，减缓了来访者的容貌焦虑。最后咨询师通过对于男性朋友、男朋友次序的探讨，引导来访者意识到未来自己可以在人际沟通方面做提升。

四、经验启示

1.信念合理化

来访者开始讲述恋爱这个话题时很羞涩，谈到自己想要谈恋爱的想法时有些羞耻，因此咨询师一开始说"大学生想要谈恋爱很正常"，帮来访者将恋爱想法合理化，让她觉得这是很正常的想法，没有什么不合理，她的焦虑感会减轻些。

2.因素多元化

咨询师将来访者的容貌焦虑引导至思考恋爱的影响因素，使来访者发现外貌不是恋爱的唯一影响因素时，她的容貌焦虑有所减轻。此外引导来访者发现颜值是可以通过化妆提升的，改变了来访者旧有的认知，也给了来访者希望。因此在分析时看到影响因素的多元化，也会帮助来访者重新认识恋爱这个话题。

3.行动具体化

对于如何与异性接触这部分的引导，咨询师聚焦在如何与异性沟通上面，引导来访者通过"男性同学—男性朋友—男朋友"的逻辑层次，提升自己与男性同学的沟通能力。然后，通过兴趣爱好筛选出男性朋友，最后再过渡到男朋友。需要来访者逐步练习自己与异性相处的沟通表达力，通过发展的眼光引导大学生树立正确的恋爱观。

案例九　如何面对失恋的情感阴霾？

咨　询　师：梅凤娟

来访者情况：小蓝，大三学生，性格开朗

主 要 困 惑：非常重感情，但在感情中迷失自我

一、背景信息

　　小蓝，大三，成绩中等，性格开朗，乐于助人，热心班级事务，和同学们的关系很融洽。

　　她有一次找辅导员请假四天，前往外省某大学。辅导员说请假外出要经过家长同意，于是她告诉辅导员不想让家长知道，不想请假。接下来几天辅导员发现小蓝状态低落，上课注意力不集中，较为重视，邀请小蓝前来咨询。

二、咨询过程

咨询师：同学你好，请问有什么可以帮到你？

　小蓝：我想请假，但是被辅导员拒绝了，有点失落。

咨询师：能具体说说情况吗？

　小蓝：我这次请假是想去看男友，没想到请假没通过。我和男友是高中同学，已经在一起三年了，男友因为高考失利没有考好，又不愿意复读，最后选择了外省一所专科院校。

咨询师：你们的感情怎么样？

小蓝：我们有一定的感情基础，当时因为异地距离较远，经常会在电话里争吵，他也不经常来见我。男友后来提出分手，我要当面问清楚分手原因。我觉得自己付出了很多，不愿意放弃这段感情，不愿接受男友不再爱我的事实。而男友不愿意受到这段感情的牵绊。

咨询师：很多男女朋友因为异地的原因分手，你觉得主要原因是异地吗？

小蓝：也不全是，更多的是意见不合，我以为在很多事情上我们可以心有灵犀，实际上却总产生分歧。他是一个不愿意妥协的人，即使明知道我生气也不会哄我，无动于衷，甚至故意逼我说分手。

咨询师：他一直是这样吗？

小蓝：不是。他的转变是在大二之后，之前更多的是考虑我的感受，现在即使我生气，他也不会有任何解释。

咨询师：你觉得去当面找他就能解决问题吗？

小蓝：我能够猜到他可能有了新女朋友，但是我不愿意承认，我只想当面证实。

咨询师：然后呢？

小蓝：回学校上课。

咨询师：其实你心里已经大约有结论了，就是他可能有新女友，但还是想亲眼见证，亲耳听到他说分手，是吗？

小蓝：是的，虽然我们俩有争吵，但是谈三年了，我不甘心。

咨询师：我十分理解你的想法，只是如果男友有新女友了，你听到和看到的结果是不是一样不能改变？

小蓝：老师，可能我放不下……

咨询师：爱情里没有谁对谁错，但是不爱了就是真的不爱了。你觉得你会和一个你不爱的人结婚吗？

小蓝：肯定不会，结婚的前提不应该是两人相爱吗？

咨询师：你说得很好，可能这个男友不是能和你走到最后的人，你觉得呢？

小蓝：嗯，也对。

咨询师：如果确定这个男友不爱你了，也知道你将来不会和不爱你的人结婚，我们是不是要整装待发，去遇见你的王子呢？

小蓝：老师，我可能需要时间。

咨询师：那就给自己一天时间调整下，哪怕跟辅导员请一天假，在宿舍待着或者出来走走都可以。人心都是肉长的，需要一个恢复期。

小蓝：好的，老师，我明白了。

咨询后反馈

小蓝后来发现男友属实有了新的女友，并表示希望大家好聚好散。小蓝选择直接面对并接受失恋的事实。

三、案例分析

大学生的年纪正是情窦初开的年龄段，很多美好的初恋都发生在这个季节。只是有恋爱就有失恋，失恋也是大学生人际关系中的重要议题。初恋有多美，失恋时就会有多痛。小蓝就是接受不了失恋的痛，而且想要当面和男友对峙，好在辅导员发现端倪拦了下来，否则小蓝去外地和男友当面摊牌，可能对她的伤害会更深。

后续了解到，小蓝不愿意面对父母、与父母沟通，是因为他们由于忙于生意，无暇顾及小蓝的成长。因此她的失恋伤痛也没有机会得到家人的安抚。

四、经验启示

1.引导大学生坚持正确的恋爱观

在高校里可通过主题讲座等方式，邀请具有丰富经验的思想教育工作的教师对恋爱观进行现身说法，把身边的真实案例分享给学生，让学生就恋爱问题发表自己的想法，并通过学生反馈的内容，对学生的恋爱观进行相应的引导和教育。恋爱本身是一件非常美好的事情，但年轻人在恋爱中往往会投入其中不能自拔，长此以往，不仅不利于学生身心健康成长，还会影响他们的学习和生活。

2.要懂得放下

希望小蓝可以将时间和精力放在更有意义的事情上，投入到学习和工作中。结合自己的实际，问问自己今后想干什么，想成为什么样的人，再将目标分解成一个个小目标，各个击破，让自己的每一步都有进步和成长。把注意力转移到学习中，也是可以让小蓝从失恋中走出来的方法之一。

4 —— 职业迷茫篇 ——

案例一　未来就业该选择兴趣还是专业？

　　咨　询　师：卢挚飞
　　来访者情况：小紫，大二学生
　　主　要　困　惑：未来就业选择

一、背景信息

　　小紫，女，大二理工科专业学生，从小喜欢戏剧，进入大学后也顺利进入戏剧社。但她最近感觉迷茫，未来要从事戏剧相关工作还是本专业工作？未来要去北京还是留在上海？是直接就业还是去考研？对于这些问题她都比较迷茫，前来咨询。

二、咨询过程

咨询师：小紫你好，很高兴今天和你一起工作，能跟老师说说今天你想讨论的职业生涯内容吗？

　小紫：老师您好，我上大二之后挺迷茫的，不知道要如何调整，能跟您讨论一下吗？

咨询师：当然可以了。可以先跟我说说你当下的困惑、困扰是什么吗？

　小紫：我是一名理工科大二的女生，我挺迷茫的，不知道接下来几年的大学生活要如何度过，现在没有明确的目标，不知道是考研还是就业。以前特别想去北京，但没有去成，那接下来我该去北京还是留在上海工作？我很喜欢影视方面的内容，但我不知道今后该选择兴趣还是从事本专业。我觉得一团乱。

咨询师：看到你刚上大二就已经开始对未来有思考了，这是很积极的事情。别着
　　　　急，接下来我们一起慢慢探讨。首先问你个问题，你要考研吗？

小紫：我肯定要考研，家里人也希望我考研，所以我大概率要考研。

咨询师：你准备考什么专业？本专业还是戏剧影视相关专业？

小紫：肯定考本专业，要不家里人接受不了。我将来再发展自己的兴趣爱好。

咨询师：看你回答时很坚定，看来你对考研的目标感很强烈。你可以仔细思考下，
　　　　除了父母因素，自己是不是也希望考研呢？

小紫：是的老师，这也是我的价值理念。

咨询师：有明确的目标非常好，说明你选择考研是有内在动机的，不只是遵从父母
　　　　的意愿。

小紫：是的，我自己也有意愿。

咨询师：好的，下一个问题，你是否有对比过，更喜欢北京还是上海？

小紫：高考的时候我非常想考北京，最后没去成，有点遗憾。但现在上海也有了
　　　　自己的朋友圈，如果再去北京，这些朋友就不在身边了。

咨询师：你对比过这两个城市吗？你去过北京吗？

小紫：我没有。

咨询师：那我建议你可以趁着假期去北京走走，感受下北京的人文、环境、饮食、
　　　　气候等，看看自己是否适合，是否能适应。

小紫：好的，老师。

咨询师：今天讨论的这些问题都是相互关联的，关于未来的工作部分，我希望带你
　　　　做个内在的探索，你愿意一起尝试这个冥想练习吗？

小紫：愿意的。

咨询师：请你调整下姿势，然后慢慢地闭上眼睛。首先开始深呼吸，吸气的时候将身体的所有疲劳、紧张和一切不愉快的念头统统聚集起来，当呼气的时候将这些疲劳、紧张和一切不愉快的想法统统呼出去，聚集起来……呼出去……聚集起来……呼出去……随着呼吸你的身体变得越来越放松……放松……接下来请你想象，你有一辆时光穿梭机，带你直接穿梭到80岁生日这天，过程中所有的画面都是你希望发生的，看看，你看到了什么画面？

小紫：我看到有20多个人为我过生日，有我的学生、崇拜者、粉丝们，氛围特别开心，大家在一起吃饭、聊天。我听他们聊着自己的过去，感觉非常自豪，感受到了成功、轻松，那真的是我向往的生活。

咨询师：非常好，如果你想要实现80岁生日这个画面，请你列出帮助你实现这一美好愿景的8个因素，会是什么呢？

小紫：爱别人也爱自己、坚持、乐观、勇气、热爱生活、做自己喜欢的事、运气、求知。

咨询师：请你给这些影响因素打个分，同时给每一项的重要程度打分，你会如何进行？

小紫：爱别人也爱自己5分（重要程度5分）、坚持7分（重要程度10分）、乐观6分（重要程度8分）、勇气5分（重要程度8分）、热爱生活10分（重要程度5分）、做自己喜欢的事5分（重要程度10分）、运气6分（重要程度7分）、求知7分（重要程度9分）。

咨询师：上述的结果对你有什么新的启示吗？

小紫：我觉得我更坚定了戏剧就是我喜欢做的事，我从小学开始接触戏剧，大学又进入戏剧社，戏剧就是我一直喜欢的事物。我喜欢自由、创新，不喜欢被束缚。

咨询师：如果现在重新问我们最开始的问题，你是否要考研？

　　小紫：要，拿到学历对父母是个交代。

咨询师：考研准备去北京还是上海？

　　小紫：都查一查，了解下基本情况再定夺。

咨询师：从事什么行业？

　　小紫：将来希望从事戏剧相关工作，这是我自己的兴趣，我会坚持下去。

咨询师：很好，对接下来的实习你有什么打算？

　　小紫：我想去横店或者在上海找找与戏剧相关的兼职或者实习，提前了解这个行业。

咨询师：非常好，通过今天的梳理，你是否感觉思路清晰些了呢？

　　小紫：是的，老师帮我进行的梳理和冥想，让我忽然意识到我竟然对戏剧有如此深的兴趣，帮我明确了接下来的路要如何走，也明确了自己可以从哪些部分开始努力。这对我而言很重要。

咨询师：感谢你的信任，如果用三个词形容本次咨询，你会用哪三个词？

　　小紫：顺畅、通透、高兴。

咨询师：好的，今天通过冥想及提问，我们一起完成了一次自我职业的探索。后续有什么问题，欢迎你随时预约下一次咨询，我们继续讨论。

　　小紫：好的，谢谢老师！今天真的很受益。

咨询师：不客气，继续加油！

三、案例分析

该案例中，小紫对于未来有很多不确定的因素，因此咨询师通过冥想的方式让她看到未来她希望成为的样子，通过构建未来美好的愿景画面，来增强该生内在的成就动机，并通过问题澄清的方式让小紫意识到，自己喜欢的职业方向就是自己的兴趣爱好。同时引导该生思考如何开启自己的实习计划，使学生看到自己的需求，成就自己的需求。

四、经验启示

1.使用具象化技术帮助澄清职业目标

每名大学生都是自己人生故事的主角，每个人都是最了解自己的，用自己的智慧帮助自己，也就是"助人自助"。咨询师带领小紫通过冥想的方式来呈现出自己希望的成功模样，通过对于愿景的描述，然后拉到现实中，让她内心有触动，能感知什么对自己最重要，进而确立自己的职业生涯目标和方向。

2.让"她"成为解决自己问题的"专家"

很多大学生在生涯规划中存在生涯选择的问题，此时咨询师可以通过技术引导来访者探索内心世界，当她通过权衡利弊，明确生涯中的兴趣、需求和价值观后，有些问题自然就有了答案。因此职业生涯咨询师要做的就是带领来访者一起在他们的世界里遨游，引导他们成为解决自己问题的"专家"。

案例二　站在人生十字路口时要何去何从?

咨　询　师: 陈珺

来访者情况: 小鲁, 大三学生

主要困惑: 在就业、考研和出国深造的人生选择十字路口感到迷茫

一、背景信息

小鲁, 男, 焊接技术与工程专业, 在学校表现突出, 既是老师的"得力助手", 也是学生团体的"核心人物", 在学生中有着不小的影响力。

看到他神采奕奕地描述自己的过往经历和荣誉, 让我更加好奇小鲁到来的目的, 一个成绩优秀、工作能力突出、眼界开阔的"模范生"会对职业生涯抱有怎样的困惑呢?

据了解, 小鲁目前是大三, 正处在人生选择的十字路口, 对就业、考研、出国深造感到迷茫。小鲁跟大部分人一样, 只不过他的优秀让很多人忽略了他职业生涯规划的需求, 这一需求相比其他人有着更加不可忽视的必要性。

二、咨询过程

小鲁遇到的问题和周围很多即将面临毕业的大学生有相同之处, 但不同的是, 他之所以选择向咨询师寻求帮助, 是希望能够通过咨询师所具备的专业素养和知识, 将自己的优势和能力发挥到极致。综上所述, 基于帕森斯的特质—因素论, 制定了如下的咨询方案:

STEP 1: 通过谈话等方式, 和小鲁建立良好的关系。运用职业规划的相关理

论和工具，帮助小鲁探索自己的兴趣、性格、技能和价值观。帮助小鲁清晰地明白自己目前的矛盾点，认清自身的优点及不足。

STEP 2：在小鲁对自己有了较为清晰的认知后，引导小鲁进行职业的探索。充分了解目前职场现状和前景，结合职业兴趣，初步确定职业目标。

STEP 3：运用决策平衡单，让小鲁从自己的目标职业库中进行分析、衡量、选择，得出最终目标职业。根据最终职业目标，协助小鲁计划目标执行方案，制定短期目标、中期目标和长期目标并进行评估调整。

第一次咨询：建立关系，探索兴趣、性格

小鲁目前有以下矛盾点：

（1）对专业就业方向认识模糊，职业定位不明确，对是否选择对口专业的工作摇摆不定。

（2）对是否出国深造不知所措。

（3）大三年级，有着团学工作、就业、实习等多重压力，情绪不稳定。

小鲁现场做了霍兰德职业兴趣测试❶，发现他的职业兴趣探索得到的霍兰德代码为ISA。我们由此可知，小鲁职业的职业兴趣偏向探索型和社会型。他有管理团队的意愿，做事情有组织有计划。但反观小鲁的专业，他是典型的工科生，方向为电子封装技术，他的实际型分数最低，而他所学专业就业更偏向于事务型或实际型。这可能也是对小鲁造成职业困惑的原因之一。

第二次咨询：职业兴趣、价值观探索

这次见到小鲁短暂寒暄后，开门见山地和他探讨职业兴趣及价值观。

以下是一些咨询场景：

咨询师：小鲁，你能告诉我为什么想出国吗？

---

❶ 霍兰德职业兴趣测试是由美国心理学家约翰·霍兰德在20世纪50年代开发的一种职业测评工具，它通过对被测试者的兴趣爱好、价值观念和性格特点等方面的分析，来推测受测者在某些职业领域中的表现和适合度。

小鲁：其实我本人对出国没有多大的意愿，主要有两方面原因，第一是因为身边有很多朋友选择了出国深造这条路；第二是我认为出国能更好地提升我的竞争力，通俗点说就是"镀金"，想回国后得到一份更令自己满意的工作，提高身价等。

咨询师：那你一定有想直接就业的原因，是吗？

小鲁：是的，因为我现在在一家教育公司做实习校园经理和市场营销，我现在的基础薪资和市场的提成可以达到5000多元，让我对考研的必要性产生了一丝怀疑和动摇，但清醒下来后我发现这虽然是我的强项，但可能不是我最想要的。

咨询师：不用着急，出国深造是大事，需要自己想清楚，和家人也要及时交流沟通。

第三次咨询：职业探索、确定职业目标，设计职业生涯途径

经过前两次访谈，我相信小鲁已经靠自己解决了一些问题，他说现在已经不考虑出国深造了，更加偏向考研这一方向。

这一次咨询，我邀请了学院电子封装技术专业的鲁老师来帮助我对小鲁进行更专业的规划和指导，鲁老师给小鲁展示了电子封装系的可能就业方向和三年来实际就业数据，鲁老师偷偷叮嘱我一定要让这孩子自己想明白去考研，他是会学习的好苗子！

在完成了决策平衡单后，小鲁对比总分发现自己的首选目标是升学深造，且继续为国内芯片行业做贡献。

至此，小鲁的职业咨询圆满结束。小鲁表示，自己将在今后的学习和生活中，努力提高自己的专业素养，树立符合时代发展与社会要求的先进理念，提升道德素养，并努力具备全面的知识、能力素质和健康的心理素质。一步一个脚印，争取早日实现属于他自己的职业目标。

三、案例分析

小鲁是学校优秀学生中的佼佼者，但即使这样优秀的学生，在面临人生选择何去何从的问题上同样遇到了困惑和不解。回顾小鲁的整个咨询过程，我们得到以下启发：

（1）评估工具宜精不宜多，应该根据咨询者的言行举止、生活背景等选择更趋向于他们、符合他们的工具。对评估结果要理性看待，结合双方的思考，不能唯测试结果论。

（2）在咨询的过程当中，尽可能使用容易让人理解的词语，同时缩小来访者与咨询师之间的距离。

（3）咨询的过程中，调动起来访者的主动性，让来访者自己去思考和发现内心的选择，更加有助于来访者的生涯规划。

（4）回答来访者的问题时以建议的形式提出，让来访者自己思考做出选择。谈话中可以从来访者生活中处理问题的方法方式揣摩来访者的心理，从而提出合适的建议和意见。

四、经验启示

几次咨询中，咨询师用了自己擅长的测评等方式帮助来访者厘清自己的优势与职业目标，使该生对自己的目标规划逐渐清晰，过程中体现了"助人自助"的理念。生涯咨询中每位咨询师擅长的方式不同，可以善用自己的优势帮助来访者解决实际问题。

案例三　面试频繁失败，如何蜕变成求职高手？

咨　询　师：聂含聿
来访者情况：小白，大四学生
主 要 困 惑：大四找工作，面试频繁失败，很困扰

一、背景信息

　　小白，男，大四，正值找工作，简历投递、面试一直失败，内心受挫，前来咨询。

二、咨询过程

咨询师：同学你好，请问今天你想要咨询什么议题？

　小白：老师您好，我最近面试都失败了，怎么办？

咨询师：你先别着急，我们一起想想办法，一起来分析下问题出在哪里。你把简历先给我看看吧。

　小白：好。

咨询师：要想增强简历投递的成功率，我们首先要对简历进行优化。撰写一份简历，首先要把你的优势写清楚，还要写上你的实习实践经历。你之前有实习吗？

　小白：有的。

咨询师：把实习经历加上去吧。用人单位通过简历可以一方面看你的基本情况，初

步认识下你，另一方面看你的实习实践经历，有没有相关工作经验，是否能直接上手工作，这些都可以通过经验经历衡量。

　　小白：好的，老师，我改下，这份简历是有点简单。

咨询师：另外，前几次面试，你觉得表现如何？

　　小白：一般吧。

咨询师：那咱俩现在模拟下现场面试，首先你先做下自我介绍。

　　小白：……

咨询师：在做自我介绍时候，需要让面试官在短短1分钟内迅速认识你，所以需要简短、精炼地表达与展现自己。此外，自我介绍一定要流畅，面带微笑，眼睛平视看着面试官的眼睛、鼻子区域，展现出自信。如果我们觉得自我介绍不太自然，可以对着镜子练习。你在刚才的自我介绍中头是低下来的，大多数时间没有直视我，这样会让对方感觉我们不够自信。这部分我们可以回去多练习。

　　小白：好的，老师。

咨询师：我接下来想要模拟面试你，问你一个问题，请迅速说出自己的三个优点和三个缺点。

　　小白：优点是善良、诚实，缺点是慢热、拖延。

咨询师：优缺点这个问题回去多想想，面试时尽量顺畅地表达出来。建议说一个无足轻重的缺点，比如你刚才说的慢热，说明在你在人际交往中反应慢。拖延这个缺点面试官应该不会喜欢。这些是面试中的常见问题，我们需要逐个研判。每个问题我们都可以尝试换位思考，如果我们是面试官，希望听到怎样的答案，从这个思路逐个练习，会让我们在接下来的面试中越来越游刃有余。

小白：好的，老师。

咨询后反馈

小白回去后认真练习自我介绍和面试的问题，后来陆续接到面试通知，也最终拿到了录用通知。

三、案例分析

小白同学性格比较内向，大学期间没有经常参加活动，表达方面有欠缺。因此在面试、找工作这样的时间点，可以通过"应试"的方式提前有意识地练习。面试技巧可以通过练习提升，因此职业生涯指导教师、辅导员在给学生开班会、上生涯课时，可以播放一些职场面试的视频，让学生们提前有面试概念。当学生有意识地进行练习后，面试技巧会逐渐提升，面试成功率也会越来越大。

四、经验启示

1.简历和面试都需要"包装"

大四毕业前每名毕业生都应该学习如何撰写简历和锻炼面试技巧。我们打个比方，如果把毕业生们比喻成产品，那么面试和简历相当于产品的包装。有句话叫作"酒香也怕巷子深"。毕业生进入毕业季，如果想要增强自己的市场竞争力，可以通过短期学习撰写简历以及锻炼面试技巧，给自己的应聘加砝码。

2.面试不成功，要精准找原因

来访者面试不成功，感觉很受挫，思想上有压力。这时候，如果他只是沉浸在情绪中，并不能解决什么问题。所以，需要咨询师帮助来访者精准地找到他未能面试成功的具体原因。面试不成功可能会有几方面原因：简历是否精简且重点突出，投递简历数量是否够，面试的自我介绍是否流畅，面试的心理状态是否良好，与面试官互动沟通是否顺畅等。

案例四　如何结合兴趣和专业找到合适的实习？

咨　询　师：梅凤娟
来访者情况：小张，大四学生，性格内向
主 要 困 惑：求职困惑

一、背景信息

　　小张，女，大三学生，父母农村务农，高考志愿是在家长的建议下报的临床医学专业，家里希望她毕业后能够做一名医生。但她最终被调剂到护理专业。在大学期间，该生刻苦学习，每年都能获得学校奖学金。大一结束时，她申请过转专业，没有成功，但她不想成为一名护士。小张感觉自己虽然能够坚持完成学校学业，但是，面对自己不喜欢的专业和工作，她十分苦恼。

二、咨询过程

咨询师：你好同学，请问今天想要探讨什么话题？
　小张：我以后不想当护士。

咨询师：你怎么看待你现在的专业？
　小张：不喜欢，但又没有办法。

咨询师：为什么不喜欢呢？
　小张：父母当时希望我报考临床医学专业，但是调剂到了护理专业。虽然成绩还不错，每年也拿奖学金，但就是不想当护士。

咨询师：你喜欢做什么类型的工作？

（小张陷入沉默……）

咨询师：如果你不喜欢现在的专业也不想从事现在的专业，是否有想过现在可以做些什么？

小张：我也不知道我喜欢什么，能做什么。

咨询师：有没有考虑过根据自己的兴趣勇敢地找个实习单位，这样不仅可以真实地参与到职业活动中，而且能更好地评价自己对该职业的胜任程度和喜好程度？

小张：可以试一试。

咨询师：如果你不喜欢现在的专业，更要从现在开始为未来布局。

小张：布局？

咨询师：对的，举个例子，比如你现在大四要面临找工作，但你不想去当护士，而且也没有接触过其他行业，不知道自己喜欢什么行业、擅长什么行业，那大四毕业后你想去从事你不喜欢的护士行业，还是先不就业，随便找一份其他行业的工作呢？

小张：都不是我想要的。

咨询师：所以我们现在需要开始去接触社会、去实习，去了解自己的兴趣点和优势，这样才能争取到毕业时的新选择。

小张：是的，老师。

咨询师：接下来可以准备下简历，开始找找实习吧。

小张：好。

三、案例分析

小张成绩优秀，但高考调剂到毫无兴趣的专业，她不想从事护士行业，却又对未来没有任何规划。咨询师需要引导小张从未来毕业的角度切入回到当下可以做些什么，引发小张对自己生涯规划的思考。

四、经验启示

在选择职业的过程中，要求综合个人情况（兴趣、价值观、能力、性格等）和外部环境（社会、经济、行业环境）进行考量，确定自己的初步职业目标。而在与小张的交流过程中，她更多谈到的是自己家庭和毕业的学长学姐的工作环境，缺乏对自己职业方向的探索，没有结合工作的要求和自身优劣势进行分析。小张不喜欢当下专业，更需要引导该生尽早设计自己的生涯规划，找到自己适合之路，否则其他同学到大四都有工作时，小张的落差感会更强。因此，帮助她转变就业观念，利用科学的方法引导和指导她制订职业规划是当下要进行的工作。

咨　询　师：时南

来访者情况：小娟，大三学生

主 要 困 惑：师范生对未来发展的困惑与原生家庭的矛盾

一、背景信息

　　小娟，20岁，女，大三。出现了严重的厌学情绪，伴随多次旷课行为，很少与同学和室友沟通交流。在辅导员的介入和建议下，小娟来进行职业咨询。

二、咨询过程

第一次咨询

　　主要通过同感、共情、倾听等方式取得来访者信任、收集资料和信息，建立有效的咨询关系。

咨询师：同学你好，请坐！请问今天想要聊些什么话题？

　小娟：我不想学习、不想上课。我不想大四毕业直接工作，我想继续读研究生，这样我们市场竞争力和教课能力会更好，但是免费师范生按照政策要求毕业后不能读研，必须回到湖南工作，我心里好难受。

咨询师：听得出你觉得自己不读研就没有社会竞争力，就不能成为一名好老师，我理解得对吗？

　小娟：是的，老师您真厉害，这正是困扰我的问题。

119

咨询师：那你平时有关系较好的同班同学吗？

小娟：嗯，有两个同学都是我的湖南老乡，我们三个人关系比较好。

咨询师：哦，其实有些事情你也可以主动起来，比如，主动和她们谈谈你的苦恼，看看她们是怎么想的，也许会有不一样的收获。

小娟：嗯，我一定会去和她们沟通的。

咨询师：既然你也觉得和你的两个朋友谈谈自己现在的困惑可能会获得不一样的收获，那么这次谈话结束之后你愿不愿意和她们两人谈谈？

小娟：好的，老师，我会的。

第二次咨询

通过贝克认知行为疗法❶帮助来访者识别负性观念，并通过一些经验、长处的挖掘和分析帮助来访者进行正向的自我激励。

咨询师：回去聊过后，你们之间交流的信息对你帮助大吗？

小娟：怎么说呢？我觉得帮助还是挺大的。不过我还是不能确定自己的想法，我也不知道自己究竟应该怎么选择。

咨询师：我是不是可以理解为，其实你没有之前那么坚持要考研了，但是对于自己能不能成为一名优秀的化学教师充满了担心呢？

小娟：嗯，老师，就是您说得这样。虽然她们讲了一些就业的前景和之前的就业情况，但那毕竟是别人的经验，我怎么知道我的能力行不行？

咨询师：这确实是一个问题。那你有没有向其他人了解过回湖南就业的学长的在校

---

❶ 贝克认知行为疗法（Beck's cognitive therapy）由 A.T. Beck 在研究抑郁症治疗的临床实践中逐步创建。贝克认为，认知产生了情绪及行为，异常的认知产生了异常的情绪及行为。认知是情感和行为的中介，情感问题和行为问题与歪曲的认知有关。

表现情况呢？

小娟：我问过辅导员，辅导员说有一个学姐十分优秀，拿过国家奖学金，但是并没
　　　能进湖南师大附中就业。每个学长的情况不一样，不过整体就业情况都不错。

咨询师：这倒是个好消息！

咨询师：你拿过奖学金吗？

小娟：我大一拿过一等奖。

咨询师：拿一等奖学金很不容易，说明你很优秀！

小娟：谢谢老师。听到您的肯定，我现在感觉好多了！

咨询师：那就好！之前你提到爸爸妈妈在这件事情上不理解你，你心里很难过，觉
　　　得他们不爱你，既然现在事情解决了，是不是可以尝试着跟爸爸妈妈联系
　　　一下，说说自己的情况呢？

小娟：嗯……虽然有点尴尬，不过既然现在事情解决了，我就试试吧！

第三次咨询

　　主要是通过探讨与父母沟通的方式和方法，与父母实现有效沟通，帮助小娟排
除对于父母的错误认知和不良情感体验，构建合理、融洽的有效沟通模式，搭建充
分的社会支持体系。

咨询师：小娟，上次回去有完成老师的作业吗？跟父母的沟通情况是否愿意和老师
　　　分享一下呢？

小娟：老师，我回去后给爸妈打了电话，他们听到我不违约读研的决定挺高兴的。

咨询师：听起来你父母很满意，那你感觉开心吗？

小娟：我……还行吧……感觉很复杂！

咨询师：听起来你的感受好像有点不一样，能具体讲讲你所说的"复杂"吗？

小娟：老师，不瞒你说，我本来想清楚了自己将来的规划挺开心的，所以欣喜地跟他们讲了这个规划，本想得到他们的赞扬和肯定。结果他们却顺理成章地认为我肯定不会违约考研，说我就是个小孩子，不懂事，只要他们不给我违约金我就没有办法违约，还是会参加工作。

咨询师：听起来你好像很生气？

小娟：是的！我真的特别生气，我觉得他们根本就不尊重我，也不关心我，他们只看重钱，一点都不爱我。

咨询师：我是不是可以这样理解，你认为他们没有站在你的立场想问题，只是武断地决定你的学业和求职，所以觉得他们不爱你？

小娟：是的，就是这个样子！他们总是把我当成小孩子，总想控制我，我真的受不了了……

咨询师：那么你觉得你父母为什么不愿意放手呢？

小娟：肯定是觉得我还很不成熟、年纪小、经验浅，会做出错误的选择、最后吃亏上当吧。

咨询师：你的意思是说父母关心你，怕你受到伤害，是吧？

小娟：应该是吧。不过这样一说好像他们又挺爱我的，也不能全怪他们。其实我确实还很不成熟，对自己的认识和评价有些片面，有时候很容易情绪化、陷入莫名的自卑。如果我真的成熟，他们应该就不会担心我，就会放手了吧。

咨询师：嗯嗯，不错！在老师接触你的几次里，我看到了你在逐步成长！

小娟：真的吗，老师？不过我的想法有点偏激了，其实爸爸妈妈确实挺关心我的，我就是一时生气所以会胡思乱想。上次电话里我还说他们不爱我，现在这话像石头一样压在我的心里。

咨询师：没关系的，既然自己心里已经有了答案，你觉得是不是应该再和父母交流一下你们的沟通方式，放下心里的这块"石头"呢？

小娟：嗯，是的，老师您说得对！我会跟爸爸妈妈道歉，希望他们可以原谅我。

咨询师：你很棒！加油，敢于面对自己不足的人才是强者。

第四次咨询

主要是了解小娟与父母的沟通结果及感受，帮助她进一步掌握合理有效的沟通模式。同时回顾整个咨询过程，进一步地巩固治疗效果，强化正确认知、重建认知，进一步探讨规划的可行性并进行适当的修正，帮助她再次明确自己的发展目标，提出对她将来生活的期望。

小娟：老师，我有两个好消息要告诉您！一是我的期末考试成绩出来了，竟然没有挂科。二是我通过视频聊天跟爸爸妈妈表达了自己的歉意，爸爸妈妈竟然也跟我道歉，说以后一定会更加尊重我、信任我，我真的好开心啊！

咨询师：这都是你自己努力的结果，老师只是帮助你更好地认识了自己而已。那么我们一起回顾一下整个咨询过程好吗？看看有没有什么经验是以后的生活中可以借鉴的？

小娟：好的，老师，我很乐意。

咨询师：我们首先改变了自己对职业前景的看法，接着，你正确地分析了自己的优势和特长，反思了自己的不足，制订了合理的生涯规划和目标，向着自己的理想不断前进与努力。然后，纠正了自己对家庭关系的认知，找到了与父母沟通的有效模式，进一步为实现自己的人生目标找到了前进的动力，对吗？

小娟：是的，老师。现在我感觉自己真的轻松了，心里满满都是对未来的期待和动力。希望通过自己的实力成为一名优秀的化学教师。

咨询师：太好了！老师真为你这样自信感到开心，下面我们再给自己制订一个合理的大学计划好吗？

小娟：好的，老师！

咨询后反馈

经过几次咨询后，咨询师帮助小娟调整生涯规划，找到实践理想的可行路径；和小娟商定与父母的沟通方式并实施，营造融洽的亲子关系。

三、案例分析

本案例主要采用认知疗法调整小娟不合理的认知；通过短焦疗法帮助她寻找自己的人生目标；同时通过与她父母合力构建利于她康复的成长环境，小娟的厌学情绪得到有效缓解，重新确立了自己的生活目标，恢复了对生活的希望和兴趣，基本达到前期制定的预期目标。此外，就小娟目前的条件而言，毕业找到一份不错的工作应该难度不大，她学会了正确地看待自己、评价自己，让自己变得更加自信、坚强。

四、经验启示

咨询师通过让该生与好友、辅导员交流的方式，使该生对于自己该读研还是工作获得更多维度的参考信息，同时跟该生确认她想要读研的动机，帮该生厘清思路找到痛点，当该生从不同角度听完多方建议后，对于读研的执着也逐渐降低了热度，该生的情绪状态得到了平复。表面上看是该生厌学问题，深入发现是职业选择的问题，咨询师没有直接给答案，而是让该生调动主观能动性去探索，该生搜集新的信息后，对自己未来的认识更加清晰明确。

案例六 "一无是处"的我未来要何去何从？

咨 询 师：卢挚飞

来访者情况：小白，大二学生

主 要 困 惑：对未来感到迷茫。身边人都有努力的目标，自己却还没有方向

一、背景信息

小白，女，大二，理工科专业，上大学后总感觉迷茫，不知道自己将来可以做些什么，对自己没有信心，前来咨询。

二、咨询过程

咨询师：同学你好，请问今天来职业咨询有什么想要探讨的话题吗？

小　白：老师好，我最近感觉很迷茫，不知道未来要何去何从，我看周围很多同学都有自己的未来规划，都开始准备了。有的考会计师，有的准备雅思、托福等出国考试，有的开始实习……我看到他们都已经开始行动，自己却不知道未来可以做什么，觉得挺着急的。

咨询师：看到周围同学开始行动了，你有些着急，就主动来预约职业咨询。这已经让老师看到了你在用你的方式行动。别担心，今天我们一起来探索未来的可能性，好吗？

小　白：好的，老师。

咨询师：小白，在你已经了解到的行业里，有比较感兴趣的吗？

小白：我对会计学、财务管理等专业有点感兴趣。

咨询师：很好，我觉得可以从一个具体点出发，只要你可以找到一个能努力的具体实践的点，你的迷茫会减轻很多，你觉得呢？

小白：是的老师，我就是不知道自己能做什么。我初中和高中时特别喜欢数学，但是到大学后，我觉得数学好难，忽然对自己失去了信心，我不知道我可以做什么。

咨询师：我之前跟统计与数学专业的老师探讨过类似的问题。我问老师们选择数学专业的学生数学都有些基础，但是，为什么学生会觉得高等代数、数学分析这样的科目如此难呢？专业老师给我的回答是，因为大学里的数学课程难度可谓是天花板级别的，不过，这些科目的设置是一种思维的训练。所以，你现在觉得数学好难是一个共性问题，大多数同学都觉得难。

小白：嗯嗯，听老师这么一说，我感觉轻松点了，之前我一直自我否定和怀疑，不知道自己为什么到大学就变差了，为什么以前擅长的科目却成了现在较差的科目，听老师说完后，我感觉心里一块大石头落下来了。

咨询师：嗯嗯，所以我们要对自己有信心。那你有参加过会计学和财务管理等专业相关的实习吗？

小白：没有，我之前参加过一个为期10天的金融类培训，内容是关于金融风险的，每天会讲一些金融知识，但财会类的实习我没参加过。

咨询师：挺好的，多体验对你而言肯定有益处。你准备什么时候实习？

小白：我准备今年暑假实习，我现在也在兼职，在机构做助教。我以前也想过将来要当老师，不过我大学数学这么差，当不了数学老师，而且我不是师范专业，所以这个想法就放弃了。

咨询师：我个人觉得当教师的想法也是可以实现的，之前来咨询的咱学校同学就有毕业做教师的，他们提前备考教师资格证，大学期间去中小学实习。教师资格证考下来之后又参加区里的统考。通过统考后就顺利地当了数学老师。所以，当老师不是只有师范生才能报名，通过自己的努力同样可以实现。而且，既然你很擅长初高中的数学，毕业后当数学老师讲解初高中的题目应该没问题。也许你最近可以看看初高中的数学题目，看看是否可以做出来。你觉得难的部分是大学里的数学，而非中小学数学，你觉得呢？

小白：还可以这样啊，我之前都放弃了，觉得自己一点希望都没有了，其实我还挺想当老师的。

咨询师：是呀，所以我觉得你要对自己有信心。你当助教的时候，是否喜欢中学生？

小白：喜欢的，我挺喜欢和学生们在一起。

咨询师：这样看来，我们现在就已经找到两条路可供选择。其实你的思路挺清晰的，只是以前没有这样探索过。接下来，我们可以从这两个方面着手。一方面是财会类，另一方面是数学教师。如果选财会类，需要到财会事务所实习，同时考初级会计证书、准备注册会计师考试等，如果当数学老师，需要考教师资格证、学习教育学和心理学，同时准备数学课试讲，准备中学教师的区级统考，同时可以多做助教类实习。今天的咨询有让你思路清晰一些吗？

小白：思路清晰多了，感觉没有之前那么着急了，也有努力的方向了。

咨询师：非常好，那今天给你布置个作业，回去查下数学教师和会计事务所应聘的岗位要求是什么，这样可以帮助你了解自己在这两个行业的职业胜任力都有哪些，你努力起来就更有方向和动力了。

小白：好的，老师，没问题。

咨询师：下次咨询内容你想聊些什么？

小白：下次我们具体聊聊教师和会计这两个行业吧。

咨询师：好的，没问题。那我们下次见！

小白：好的，老师，谢谢您。

三、案例分析

该案例中，小白由于大学课程难度加大从而对自己全盘否定。他觉得自己一无是处，看到周围同学有目标与行动，内心更加着急，不知道未来何去何从。通过咨询师的引导，让小白看到了自身优势，从而按照自己的节奏进行职业规划。

四、经验启示

1.尽早参与实习实践

学生进入大学后，因为没有实际的社会实践经验，因此对于未来工作没有概念，致使在职业规划时毫无头绪、无所适从，因此可以引导大学生尽早参与实习实践，对社会有直接的认知。

2.建立职业生涯的自信心

案例中该生由于大学课程难度加大，从而对自己擅长的科目以及自己的能力产生了怀疑，并认为自己差劲，这时要引导学生看到自己的不合理信念，引导学生把注意力由外界转移到自身，引导学生看到自己其实是有优势的，并强化自身优势。

3.引导学生发现适合自己的职业路径

在咨询过程中，大学生提到自己对于会计学和财务管理等专业感兴趣以及自己有个"教师梦"，这两个点就可以作为该生落地实践的着力点。当该生有了目标，并且找到看得见的前进路径时，该生的焦虑感自然而然就减弱了，从而开始行动。

案例七　如何走出"毕业即失业"的焦虑?

咨　询　师：梅凤娟
来访者情况：小沈，大三学生，性格外向
主 要 困 惑：择业迷茫

一、背景信息

　　小沈是统计学专业的学生，性格外向，乐观开朗，成绩较好，担任学生干部。随着毕业即将来临，针对就业问题，他咨询了已毕业学生并积极上网查找相关资料，投递简历。但他发现专业对口工作要求较高，竞争激烈，就业形势较为严峻。身边同学多数准备考研，小沈同家人商量后也准备考研，但又怕考不上耽误了就业择业的最佳时期，处于犹豫不决的状态。对未来的迷茫，让该生焦虑不安，无心学习，出现焦虑、失眠等问题。

二、咨询过程

小沈：老师，我很担心毕业就失业，该怎么办?

咨询师：为什么会觉得毕业等于失业?

小沈：我做了很多努力，但是发现用人单位要求很高，要是考研考不上，我不就找不到工作了吗?

咨询师：我理解你着急的心情，这也说明你对自己是有要求的，是好事。

小沈：我不知道自己究竟能做些什么?

咨询师：结合你的情况而言，你的成绩还不错，在学校还有班干部经历，这些都能为你以后的工作奠定良好的基础。

小沈：如果我选择就业，我能做些什么呢？

咨询师：首先，根据你想做的工作方向，看看自己是否能取得相应的证书，再看看自己的实习经历是不是足够，目前有无合适的实习机会。勇敢地走出去实习，积累相关的实习经验。了解单位的用人标准，有针对性地提升工作能力与相关素质，提高就业竞争力。

小沈：我没有实习过，也不知道要去哪个行业。

咨询师：那我们需要给自己机会去试错，实习一次后，你会对自己是否喜欢这个行业有直观的感受。如果不喜欢就直接筛选掉一个"错误选项"了。如果谈不上喜欢或者不喜欢，就业的时候就可以尝试投简历，如果遇到喜欢的行业，那目标就更清晰了，以后可以直接往这个方向发展。

小沈：老师说得有道理。

咨询师：先别着急，行动起来。行动起来你就有直观感受了。你本身很优秀，老师相信你通过实习会对行业有直观感受。

三、案例分析

案例中咨询师与小沈沟通后，发现该生有"毕业即失业"的想法。了解到问题的关键后，给予小沈科学合理的建议，帮助他明确奋斗目标并制订详细的执行计划。同时，通过定期与小沈聊天，了解其计划执行情况并提出了合理的指导意见。

四、经验启示

1.引导大学生打开了解外部世界的窗口

进入大学后，大学生不能正确认识和评价自己是引起各种问题的重要原因。该生没有足够的社会经验，对于未来比较迷茫，他虽然很优秀，但是一直处于象牙塔的生活中，对外部世界缺少了解和感知。所以应当引导该类学生树立正确的自我意识，加强学生对外界环境的适应，积极参加实习实践，给予自己更多认识外部世界的机会。

2.加强个性化关注

面对日趋严峻的就业环境，学生的就业心态问题成为常见问题。辅导员和班级干部可随时了解学生思想动态，根据学生个人特点与问题，因材施教。

案例八　曾经挂科自卑的"我"如何找到工作？

咨　询　师：聂含聿
来访者情况：小杨，大四学生
主 要 困 惑：不自信，认为自己找不到工作，认为没有公司愿意招聘
　　　　　　自己

一、背景信息

　　小杨是上海人，应用统计学专业的学生，大四，成绩排名中等偏后，有两门挂科，平时喜欢打游戏，宅在宿舍，性格内向，觉得自己是找不到工作的人。

二、咨询过程

咨询师：同学你好，请问今天想要咨询什么话题？
　小杨：老师您好，我觉得我这种人找不到工作了。

咨询师：你为什么会有这样的感觉，能跟我具体说说吗？
　小杨：我就是觉得自己太差了，没有公司会要我。

咨询师：你现在成绩怎么样，顺利毕业没问题吧？
　小杨：老师，我体测好像不行，之前没有达到60分，我担心我不能毕业。大四还有体测吗？

咨询师：这个可以具体查下。体测应该没问题的，如果没有其他科目挂科的话，你

应该是顺利毕业的。

小杨：我这学期还有两门科目要考试，不过看看书后考及格应该没问题。老师，我的体测真的没问题吗？不会影响毕业吗？

咨询师：当然了。我们刚才不是都一起查阅和咨询相关老师了吗？如果你能够顺利毕业，你觉得用人单位还会不要你吗？

小杨：我太胖了，我也没什么工作经历，人家不会要我的。

咨询师：你想找到工作吗？

小杨沉默了……

咨询师：再仔细思考下这个问题，你想要找工作吗？

小杨：想……

咨询师：那你觉得用人单位选人看重什么？

小杨：身材，长相好看……

咨询师：如果只是身材和长相，那长相不好看但能力好的人是不是就找不到工作了？

小杨：那也不一定吧。

咨询师：这样我们是不是也可以理解为，公司招聘不只看长相，也需要看能力？

小杨：是的。不过除了长相，我能力也不行……

咨询师：为什么你觉得自己能力不行？

小杨：我没参加过什么活动，也没实习过，我对社会一无所知……

咨询师：你说的都是今天之前对吗？

小杨：是的。

咨询师：那今天我们咨询过后，是不是可以开始投简历，或者看看有没有短期实习，先积累经验呢？

小杨：嗯。

咨询师：再问你一个问题，你想不想看到毕业之后，你没有工作，但其他同学都找到工作的情景？

小杨：当然不想，这是我最不想看到的。

咨询师：现在距离毕业还有几个月的时间，我们是不是还可以为自己做些什么，让自己和其他同学一样顺利毕业、顺利工作？

小杨：是的。

咨询师：你有过实习吗？现在开始投简历了吗？

小杨：没有，我觉得自己不一定能毕业，就没有投。

咨询师：我建议你可以定个目标，每天至少投20份简历。先行动起来。多一些面试机会，你才有经验，才知道用人单位看重什么。

小杨：好的，老师，我试试看。

咨询师：还有，如果我们希望找到工作，是否可以祝福自己？

小杨：怎么祝福？

咨询师：正向吸引。你想要什么，努力地去朝着这个目标走，正向思考。心理学上有个名词叫作"积极自我暗示"。如果你每天想的都是"没有公司要我"，那就相当于给自己一个消极的自我暗示，每天这么暗示，就不会找到工作。如果我们给自己加油鼓劲，告诉自己"我要找到工作"，这样就是积极自我暗示，你会更有目标感和行动力，你觉得呢？

小杨：好的，老师，我试试看。

咨询后反馈

经过几次咨询，小杨反馈用了这种方法后，自己的信心提升了很多，不像以前觉得自己一无是处，完全不能进入社会，还会被他人瞧不起。他认为自己也是有面试机会的，愿意尝试投简历。

三、案例分析

本案例中，小杨自我定位并不客观，认为自己的外在形象太胖导致体测过不了，毕不了业，工作也找不到。他因为几个点就对自己全盘否定，认知上存在以偏概全的情况。他不是找不到工作，而是认为自己找不到工作的认知偏差影响了他找工作的行动力。案例中咨询师通过"你想不想找到工作？""你想不想别人都有工作你却没有工作？"两个反问引发该生思考，引导他意识到害怕、回避可能达不到他想要的结果，从而让他意识到自己需要有份工作，而非"没有公司要我"的逃避式思考。

四、经验启示

1.打破固有的认知偏差

对于自信心匮乏的同学，首先要引导他发现自身优势，帮他树立坚定的就业信心，帮助他打破固有的认知偏差，让他看到当下遇到的问题其实是他被自己设立的一个无形的网给困住了。因此，咨询师需要帮助他跳脱固有模式，重新建立新的求职认知，从而继续前行。

2.积极自我暗示

求职过程是打一场心理战。投递简历、等待面试、等待录取的漫长过程对每个毕业生来说都是考验。那种对未来的迷茫、不确定感在这个时间段会放大，因此，咨询师直接点破该生的现状，可以让他回归当下、着眼当下，只有行动起来，才能在就业中掌握主动权。

案例九　备考考研很迷茫怎么办？

咨 询 师：吴穹

来访者情况：小陈，大三学生

主 要 困 惑：要考研，不知道要如何着手，有点焦虑

一、背景信息

小陈，男，土木工程大三学生，没有工作经验，不善于沟通，担任学生干部，有一定能力，未来考虑在福州发展。决定先考研，然后考虑考选调生，但不知要如何推进，感到迷茫又很焦虑，前来咨询。

二、咨询过程

咨询师：同学你好，请问今天来职业咨询，你有什么想要探讨的话题？

小陈：老师好，我今年大三了，在准备考研，不过感觉有很多东西不确定。

咨询师：可以跟我说一说最近具体遇到什么样的困惑吗？

小陈：我在准备考研，但考研需要很充分的准备时间，而我现在还有学生会的工作，感觉时间上不好把控，身边很多同学都复习一轮了，我想考本校研究生，难度是我能接受的范围，考研之后会考选调生。

咨询师：你是怎么考虑考研这个事情的？

小陈：因为我高中时就想要考研，所以一直做了很多准备，家人和辅导员也都觉得我可以考研。

咨询师：现在我能确定要考研，后期也计划要考选调生，那你现在觉得我怎样才能帮助你，或者我们有一个怎样的方向，才有助于达成我们今天咨询的结果呢？你期待我们按照哪个方向深入下去？

　　小陈：考研的推进。

咨询师：如果我们考上了研究生，拿到了录取通知，那个时候你是什么感受，会有什么收获？

　　小陈：我觉得考上研后，我可以拿到毕业证书就很开心了，能有一个学历就很满足。

咨询师：为什么研究生学历对你这么重要？

　　小陈：我觉得现在社会比较卷，研究生学历可以让我有更多选择，特别是对于考选调生或者入职，都会比较有优势，而且，可以让我获得更多能力的提升。

咨询师：你觉得自己现在具备哪些能力，读研要提升哪些能力？

　　小陈：我目前的能力有统筹管理、协调组织、语言表达、沟通交流等能力；读研后要提升的能力是科研能力、人际交往能力，以及积累选调资源和考土木环境类资格证书的能力。

咨询师：考研时间是今年年底，目前你准备得怎么样？

　　小陈：一直在看英语，每天都在看长短句，稍微读了一点数学。但是最近事情比较多，还在调整状态学习，学长学姐说专业课可以晚点看，但是，我想提前做一些基础的准备。学长也有一些资源分享给我，挺方便的。政治准备到9月或者10月看。暑假将近两个月时间，我可以多看看，开学可能忙，时间没那么多。

咨询师：我们按照你说的计划，能够通过考研并考研成功，如果100分是成功，0分是无法通过，你现在的准备程度在多少分？

小陈：60分吧，数学这块还没有看很多，也比较难。

咨询师：现在是60分，你觉得到多少分，会让你觉得复习应该没问题了？

小陈：85分吧。

咨询师：你希望用什么方式提升25分？

小陈：暑期留校学习，和考研的同学一起学，因为他们比较自律，跟他一起我会多学一些。跟学长学习可以达到80分的状态，然后剩下的5分是我追求的状态，我可以督促自己。

咨询师：接下来你具体有什么计划呢？

小陈：计划每天学习9小时，上午3小时，下午3小时，晚上3小时。

咨询师：如果中间有些干扰因素，你要如何调整自己的状态？

小陈：有情绪的时候需要2天平静下来就可以了，我平时坚持运动，所以情绪调节能力还不错。

咨询师：如果这个计划能成功执行，你觉得自己的准备程度有多少分？

小陈：如果计划正常执行，自己有九成的把握可以坚持下去，那也是很满意的状态。

咨询师：经过我们的探索，我们知道考研过程中要如何准备，遇到哪些问题，怎么解决，也知道支撑考研的想法，非常好。如果今天有一个最大的收获，你会觉得是什么？

小陈：最大的收获是我知道了怎么做考研规划，知道了我可以怎么获取资源和信息，我不那么焦虑了，知道接下来该怎么做。

咨询师：好的，今天的咨询就到这里，如果有问题，可以随时预约咨询，我们再来
　　　　继续探讨。

　小陈：好的，谢谢老师！

三、案例分析

　　该案例中，小陈的目标比较清晰，通过一次咨询后，小陈对自己未来考研规划有了些想法。如果下一次咨询可以再挖掘小陈背后的价值观，比如：为什么考研这么重要？是什么样的期待和愿景让小陈这么坚定？这种坚定可以支撑他继续做出什么样的选择和决定？

四、经验启示

1.探索考研的动机

　　近年来，考研大军逐年增加，民间流行着至少要有个硕士学位的"学历论"，然而不一定每名学生都适合考研。在决定是否要考研之前，学生可以问自己，我为什么要考研？我是因为自己想要考研，还是因为家人希望我考研？因为周围同学都想考研，所以我也想考研？如果是后两种原因的话，这只是外部动机，没有内在动力，支撑下来会有困难。案例中，小陈对自己有明确的要求，决定考研基于一定基础。因此希望所有要考研的同学都可以了解下自己的考研动机，如果真的有动力想考研，可以做好各方面的准备努力拼一次，如果衡量下来觉得不合适考研，可以尽早投入到就业中，积累自己的职场经验。

2.目标可视化

　　咨询中咨询师将来访者的考研目标不断聚焦，当来访者把计划复习时间具体到每天学习9小时，早中晚各3小时，如果遇到情绪不好时可以自行调整2天的具象化的行动时，考研的准备历程就清晰可见了，来访者在接下来的备考行动中更有自己的预期值和掌控感。

案例十　自卑的我选择调剂还是就业？

咨　询　师：梅凤娟
来访者情况：小薇，大四学生
主要困惑：求职压力，自卑

一、背景信息

　　小薇，女，22岁。考研初试成绩不佳，面临研究生调剂，但调剂全日制研究生的概率不大，如果调剂不成功，她担心自身性格内向，大学期间实习经验不足，最终找不到工作。

二、咨询过程

咨询师：你好同学，请问今天想要咨询什么话题？
　小薇：关于考研调剂的事。

咨询师：现在进展到什么程度了？
　小薇：调剂成功的概率不大，比较担心焦虑。

咨询师：担心焦虑的原因是什么？
　小白：如果调剂不成功，我就不知道该干什么了。

咨询师：除了准备考研调剂，考虑过找实习吗？
　小薇：我也在考虑，但是我觉得自己能力不足，实习单位不会接纳我。

咨询师：可以和我聊聊大学期间参加了哪些活动吗？

小薇：参加了演讲比赛和征文等活动，但是演讲比赛没有拿到荣誉，征文拿过二等奖。

咨询师：看来你的口才和文笔不错啊！

小薇：我觉得自己相比其他同学差得多，没有其他人优秀。

咨询师：你有你的优势，比如你的写作、演讲能力较强，这是很多人没有的优点。

小薇：可是这对我找工作没什么帮助吧？

咨询师：当然有帮助啦，现在很多企业单位想要文笔好的人才。

小薇：（激动）真的吗？

咨询师：当然啦！

小薇：听您这么一说，我就有信心了。本来很担心自己只有考研调剂一个选择，但是我也想试着找一些相关的实习，我本人对文案编辑类的工作很感兴趣。

咨询师：可以的，根据你的自身情况准备考研调剂和实习，两个方向同时探索。

小薇：我一直很自卑，觉得自己没有任何优势。老师能给我一些找工作的建议吗？

咨询师：准备一份简历，把自己的优势凸显出来，同时关注就业招聘信息，并且把你的求职需求列出来。

小薇：谢谢老师，我会认真准备的。

三、案例分析

此案例反映的是毕业生在就业过程中面临的考研不如意、求职经验不足的问题，进而出现了常见的自卑和焦虑情绪。所以，解决该生的就业问题要从以下两个方面入手：第一，做好学生就业不如意的心理疏导工作；第二，为学生备考、就业提供经验支持。

四、经验和启示

1.帮助学生找自己的内在资源

在毕业季，很多学生都会面临诸多选择，考研、求职或者考编等，过程中会遇到很多困难。该类不自信的学生对未来容易出现以偏概全的情况，全盘否定自己，遇到这样的情况，咨询师可以根据学生的实际情况，帮他们找到自己的优势，鼓励学生前行。引导学生将自己的兴趣爱好作为自己就业中的优势，也是一种思路。

2.调剂、实习两步走

面临考研调剂，上线概率难以预测，这时候可以引导学生两条腿走路，调剂和实习同时进行，这样可以拓宽学生思路，为学生增加上线或顺利就业的砝码。

案例十一　迷茫的我如何找到实习?

咨　询　师：聂含聿

来访者情况：小C，大三学生，成绩优异、性格内向、不善交往

主要职业困惑：不知道如何找实习，前来咨询

一、背景信息

  小C是一名大三学生，家庭经济情况较困难，父母都在家里务农，来到大学后一直谨慎小心，平时性格内向、与他人交流不多，来大学以后几乎全部的精力都投入学习中，学习名列班级前三名。上了大三，不知道要如何找实习，也没有信心找到实习，前来咨询。

二、咨询过程

第一次咨询

咨询师：同学你好，请问今天我们可以来探讨什么话题?

 小C：老师好，我现在不知道要怎么找实习，很着急?

咨询师：别着急，可以具体跟我说说你的情况吗?

 小C：我学习成绩挺好的，这几年一直都拿奖学金，家里条件不太好，所以我想通过好好学习改变家庭经济情况。

咨询师：看得到你很懂事，有责任感，希望通过自己的努力帮家里减轻负担，老师很赞赏你这样的品质。你的成绩能拿到奖学金，说明你很优秀，以你的成绩和学习能力，找个实习是不难的，那你在找实习的具体困惑是什么呢?

小C：我就是觉得没有公司会看中我去实习，我也不知道自己能找到什么样的实习？

咨询师：我很好奇为什么你会觉得自己找不到实习？

小C：我没有信心，觉得公司应该看不上我。

咨询师：你很优秀，努力上进，我相信每个公司都希望自己的员工认真负责、努力上进，你的优势就是未来领导们会认可的优势。

小C：老师，是吗？我从来没这么认为过，我觉得大家都挺努力的。

咨询师：你能拿到奖学金，说明你学习是有方法的，奖学金不是每个人都可以拿到的，你说对吗？

小C：谢谢老师的夸奖，以前觉得因为家里的经济情况，我就必须拿奖学金，没有想过奖学金也不是每人都能拿的，看来我还不错。

咨询师：你很不错，老师虽认识你时间不多，但是对你很欣赏！

小C：谢谢老师（小C不好意思低下头，嘴角泛起微笑）。

咨询师：咱具体聊聊未来，老师想问问你，你接下来想要考研吗？

小C：我不考研。

咨询师：那毕业了准备直接工作吗？

小C：是的。

咨询师：之前有出去实习过吗？

小C：没有，一直在学校里读书。

咨询师：没关系，现在着手实习也不晚。你未来有想从事的工作方向吗？

小C：没有，我也不知道我自己未来想做什么。

咨询师：那未来你想从事现在的专业方向吗？

小C：嗯。

咨询师：也许我们可以从现在自己专业的实习岗位着手。你有写过简历吗？

小C：还没有。

咨询师：这样吧，你先回去写个简历，然后发我，老师帮你做个修改。然后我们可以开始投投看，老师这边也搜集些实习消息，下次咨询时我也一起发给你。

小C：好的，谢谢老师。

咨询师：你要对自己有信心，应用统计这么难的专业你都可以学好，找到实习机会和工作完全没有问题的！大二、大三阶段的实习，其实就是一次次尝试。如果我们还没有明确未来方向，不确定自己想要进入银行、会计事务所、数据分析公司还是其他地方的话，可以通过实习去感受体验。感受公司的大环境、小环境，然后思考这种类型是不是适合自己的，大环境和小环境同样重要。没关系，我们一步步来。我们写好简历后先投档，实习过程中我们会有所体会，同时跟带教老师多沟通，通过沟通和你的所见所闻，你会对这家公司有个直观印象的。加油！

小C：好的，老师，那我先回去写起来。

咨询师：好的，你写好后我们再沟通。

第二次咨询

咨询师：小C你好，上次给你改完简历，我觉得你的简历内容很翔实，除了成绩优势外，老师还注意到你参加了很多校内的活动、竞赛，也取得了一些成

绩，老师觉得你是个非常优秀的学生，用人单位看到你的简历，一定也会
很喜欢的。

小C：谢谢老师鼓励，上次您给我改完简历，我听您的意见开始投简历，然后就
有一家公司让我面试，我现在已经开始实习了。

咨询师：恭喜你啊，这么快就找到了实习，你的实力很强，找实习是不是没有我们
想象得那么难啊？

小C：是呀老师，我也没想到会这么容易找到实习。感谢老师当时鼓励我。

咨询师：不客气，你很优秀，老师只是看见了你的优秀。现在感觉情绪好些了吗？

小C：找到实习后觉得自己还是有一定能力的，就不那么焦虑了。

咨询师：太好啦！这是个很好的开始，接下来你就在实习中多学多看，少说多做。

小C：嗯，我的带教老师人很好，不过老师有个事想问问你。

咨询师：你说说看。

小C：前几天，人力的老师说我不太自信，让我再自信点，我觉得他好厉害，一
下就看出我不自信了。

咨询师：那你觉得你哪方面的表现让他有这样的感觉？

小C：那天他让我帮忙等一位老师，我就问他，我是不是要打电话给那位老师，
然后他就说感觉我不太自信。

咨询师：哦，是这样啊。没关系，我们从学校进入实习再到工作需要有个过程，加
上我们之前没有实习经验，在待人接物方面没有概念。所以我们可以在实
习过程中多观察其他实习生如何做，其他老师如何做，同时也可以再看看
有关职场礼仪方面的书籍，帮助我们快速成长起来。

小C：好的，老师，我听你的。

咨询师：我觉得你从写简历、投简历、找到实习、参与实习，都很顺畅，接下来就是往前大胆地走起来。当我们还是学生的时候，大部分时间精力都在学习上，我们的目标就是如何把题做会、把知识点掌握好。步入社会以后，我们可能要多一些思考，不只是把事情做好，还要练习为人处世，如何与大家相处好，为人处世也是职场上重要的能力。

　　小C：好的，老师。

咨询师：加油啊，万事开头难，最难的一关我们已经迈出去了，接下来就看我们如何再走好第二步、第三步了，你的学习能力强，适应起来会很快的！你再遇到什么困惑都可以来预约老师的咨询。

　　小C：好的，谢谢老师这么耐心地为我解惑。

三、案例分析

　　该生属于比较传统的学生，从小到大一直专注于学习且成绩优秀，没有和社会接轨，加上自己家里经济条件较差，所以内心有些自卑，对未知事物有诸多不确定。对自己和社会情况没有足够清晰的认知，对于自己的实际能力没有定位，不知道自己是否有能力找到工作，所以会迷茫不知所措。咨询师先是帮助学生澄清信息，比如告诉该生找实习不难，告诉该生当下需要撰写简历、投递简历等。这些信息都可以鼓励并帮助该生立即采取行动，最后拿到结果。

四、经验启示

1.找实习要结合未来的生涯发展方向

　　选择实习切勿盲目，不是为了实习而实习，不是只要有实习机会就去做，而是要和自己未来发展的方向匹配。比如，小C说将来准备直接工作，找与专业相关的实习等，这些都是他找实习的方向。实习方向是未来很有可能从业方向，这样的积累会避免盲目实习的误区，让该生在未来求职中更有优势和主动权。

2.厘清找实习的步骤

要告诉小C找实习和找工作的步骤，让她心中有数。先从如何撰写简历开始，告诉她简历撰写过程中的注意事项，如何突出优点，如何看起来逻辑性很强，如何陈述自己的各项经历等。虽然平时该生也接受过简历制作的培训，但是因为没有实操过，所以，没有具象的概念。加上平时性格内向，与其他同学在投简历、找实习方面没有交流过，所以，对找实习工作完全没有概念。这时候帮她厘清思路，告诉她步骤，对于她调整状态比较有帮助。

3.树立信心

小C在两次咨询中都提及自己不自信，因此，咨询师在谈话中需要从话语中给予他鼓励和力量。咨询师要多使用非暴力沟通和积极心理的谈话技巧，让他看到自身的优势，对自己产生信心，这对他未来自信地进入社会很有必要。

4.增设模拟训练营

在职业生涯发展教育中，平时可以多开设一些体验式、模拟式的工作坊。对于这种比较内向胆小的学生，需要有意识地引导，而这个引导不只是在大三、大四进行，而是把体验式的工作坊放到大一、大二进行，覆盖面尽量广一些，让没有概念的学生尽量参与进来，尽早认识到就业核心竞争力的重要性。这样带着目标去学习、成长，会大力提升学生未来实习、就业的成功率。

案例十二　如何给自己的简历"添彩"？

咨　询　师：聂含聿
来访者情况：小旭，大二学生
主 要 困 惑：未来生涯迷茫，不知道如何把简历的经历丰富起来

一、背景信息

　　小旭，大二，男生，大一时经常参加学校或学院的各种活动，表现积极。大二开始辞掉校学生会所有职务，开始准备考证。经过大二一学期，觉得后悔辞掉了学生会的职务，他感觉这半年自己的能量并没有很明显提升，反而在下降。他将来想要留上海工作，现在错过了学生组织报名时间，与其他同学相比，他起跑很快，现在其他同学都跑起来了，自己速度却慢了下来，心中觉得有些着急。他不知道现在要如何做才能增强自己的就业竞争力。

二、咨询过程

咨询师：小旭你好，请问你今天来想要咨询哪些话题，我有什么可以帮到你的？

　小旭：老师我现在很迷茫，状态也一般，我不知道接下来我该怎样发展？

咨询师：可以具体说说你的情况吗？

　小旭：是这样，我大一在校学生会工作，部长挺看好我的，但是工作很忙。大二我想要把精力多放一些到准备考证上，于是把学生会的职务都辞掉了，不过我发现不做学生会工作后，我并没有像自己想象的有更多收获，反而感觉心里很空，不知道未来何去何从。我现在有点后悔，当初辞掉学生会职

务太草率了，但是现在又回不去了。很多校内学生组织不再招新了，招也是招大一新生。我感觉有点迷茫。

咨询师：你将来想要就业、出国还是考研？

　　小旭：老师，我想就业。

咨询师：你想要留上海吗？

　　小旭：如果能留下，我想要留上海。

咨询师：很好啊，你本科四年积累的人脉都在上海，你也适应了上海的生活，留在上海是很好的选择，只是留上海的同时也要做好努力奋斗的准备。

　　小旭：这个没问题，我可以吃苦的。

咨询师：你很有冲劲，愿意吃苦耐劳的品质很难得，老师为你开心，那你有实习经历吗？

　　小旭：之前没有，这次寒假准备实习。

咨询师：挺好的，如果要就业，实习也是必修课。你获奖情况怎么样？科研科创项目有获奖吗？

　　小旭：之前没做过科创项目，现在正在做。

咨询师：那对于未来就业，你现在有哪些准备？你需要扩充经验，让简历更丰富。

　　小旭：老师，这也是我犯愁的事，我除了大一参与一些活动，大二上学期就没参加过，科创也没有获奖，也没有获得其他荣誉，感觉现在写简历很空，没什么可以说的。

咨询师：从谈话中我可以感觉到你的思路很清晰，虽然没有具体举措，但是你已经开始思考简历，思考如何增加自己未来的竞争力了，你已经踏出了第一步。

　　小旭：老师，那我现在要如何做，才能给简历上增加些比较有竞争力的内容呢？

咨询师：我给你看两个简历的模板。从简历中我们可以看到，需要有实习经历，还有校内参与活动情况、实习的内容、志愿者工作的内容、获奖情况、考证情况、基础技能情况、自我评价等。我们可以思考下，如果以结果为导向，我们想要提升就业核心竞争力，大二时我们可以做些什么？

　　小旭：我想想……

咨询师：第一，可以报一项科研科创项目，通过申报科创项目练习我们的逻辑思维。第二，实习实践，通过做MBTI的测试了解我们的优势特点，通过实习实践逐步明确自己未来想要从事的方向。第三，如果想要扩充奖学金的获奖情况，那么现在开始思考选课，要有意识地提升自己每门课的成绩，争取评奖学金。第四，志愿者经历会加强我们与社会的连接，我们会更直接接触社会，了解社会所需，为将来进入工作岗位了解企业与客户的供需关系打下基础。通过细化目标，准备自己当下可以行动的内容。第五，每年定期总结，我们可以每学期或者每年定期总结当年我们参与过、组织过、协调过的活动类型，列成表格，并把比赛的颁奖单位、获奖级别、获奖时间等都记录下来。将来简历里可以随时从中挑取重点内容，来填充、完善我们的简历。

　　小旭：好的，老师，之前我没想过这么细致，只想着要就业，想到自己这半年什么都没做，有点着急。

咨询师：经过梳理，你是否感觉思路清晰些了？

　　小旭：是的老师，我的思路更清晰些了，也知道自己接下来要如何行动了，感觉没有那么焦虑了。

咨询师：很好，那回去可以先复盘下今天你的收获、感受，包括接下来要采取的行动，只要有目标有行动，你就会朝着越来越好的方向发展，相信你的能力可以驰骋在职场中，加油！

小旭：好的，谢谢老师！

三、案例分析

该生对于自己未来是有期待的，他的理想状态和现实情况有偏差，他的困惑主要是如何厘清现实问题与方向，所以过程中直接从以终为始的角度帮他分析他现在的基本情况后，他有了目标和方向，就可以朝着目标行动起来。

四、经验启示

1.拆分目标

我们接触过许多做生涯咨询的学生，他们都不知道当下要如何做才能到达心中理想目标。这时候，咨询师需要给他们方法，拆分目标，通过逐渐缩小、细化目标，使学生掌握自己发展的节奏，从而减轻自己的现实焦虑。该生对于简历并没有概念，因此给他看简历模板，可以帮他迅速地抓住接下来几年的生涯发展的方向。

2.通过撰写简历布局生涯规划

梳理简历的过程就是在梳理大学的经历。有些同学在写简历时不自信，觉得自己在大学期间没参与过什么，写不出来。其实越是这样的情况，越需要尽早写出来。笔者建议大一大二的同学就可以尽早写出第一份简历。因为简历不是只写一份就结束了，简历是需要不断填充修改的，大四时的简历肯定比大二时简历内容丰富。而写第一份简历时，我们写不出来，空出来的部分正是我们接下来要给自己布局的生涯规划。比如，我们实习经历是空的，那接下来的大学时间就可以有意识地找找实习机会。

此外，通过咨询师在该案例中提到的，可以通过每年、每学期定期梳理自己经历的方式，把自己的大学生活用表格记录下来，按照国家级、省市级、校院级等做区分，把参与的活动、获奖、志愿者、实习实践、考取证书等情况都进行整理。每学期完善表格后，可以根据每学期更新的内容再填充简历，比如我们本学期获得了省市级奖项，就可以填到简历里，同时原来的简历就可以去除一项级别稍低一些的活动，比如院系级别。这样，每学期都去填充自己的简历，到了大四时，我们的简历就非常丰富，且重要内容不会有遗漏。这个方法是笔者多年学生工作中实践得出的方法，推荐各位大学生用起来。

案例十三 如何撰写简历?

咨　询　师: 卢挚飞

来访者情况: 小张, 大二

主要困惑: 准备找实习, 不会写简历, 比较迷茫, 想要寻求简历
　　　　　指导

一、背景信息

小张, 男, 大二, 理工科专业, 准备找实习, 不会写简历, 有点迷茫焦虑, 想要寻求简历指导, 前来咨询。

二、咨询过程

咨询师: 同学你好, 请问今天来职业咨询, 你有什么想要探讨的话题?

小张: 老师我现在大二, 准备今年暑假找实习, 不过我没写过简历, 也不知道要如何撰写, 请问老师能帮我指导下吗?

咨询师: 好的, 小张。首先我先给你看几个简历的模板, 你可以做个参考。

小张: 好的, 老师, 我也先学习下。

咨询师: 首先, 一份简历肯定要有照片, 你可以先去拍张正规的职业照。有些同学在写简历时, 照片是生活照或者圆领T恤的半身照, 这些都是给自己简历减分的, 让看简历的人力资源感觉不够正式。面试官在没见过我们之前第一个能直观了解我们形象的部分就是照片了, 所以, 先去拍职业照。

小张: 好的, 老师, 这个之前没有照过, 我去拍。

咨询师：其次就是基本信息部分。这部分可以把姓名、性别、籍贯、学校、专业、年龄、邮箱、电话、党员身份（如果有的话加上去）等内容都写进去，让人力直观地了解自己的基本情况。

小张：好的，老师，邮箱就是我平时用的QQ邮箱就行吧。

咨询师：你问了个好问题，不建议大家在简历上用QQ邮箱，会给人感觉不正式，除了QQ邮箱，其他的126、163等邮箱都可以的。❶

小张：好的，老师，我知道了。

咨询师：再就是教育经历、获奖情况、实习经历、科研经历、基本技能、自我评价等这些类目可以分类写起来。不过这部分没有统一的格式，比较个性化，可以根据自己的优势去设计完成。拿教育经历来说，你的成绩目前如何？

小张：我成绩一般，老师。

咨询师：如果成绩一般，就不用写上绩点，如果你成绩是班级、年级前几名，我们可以标注出来1/50，1/200，让大家一目了然，如果感觉成绩一般，这部分我们不用刻意强调，可以在教育经历这块写一些你学过的重点科目，比如Python、统计学、高代等，让人力可以迅速了解你的专业领域。

小张：好的，老师。

咨询师：此外，教育经历这块你可以把任职写上，你在大学里有做过学生干部吗？

小张：我是班委。

咨询师：班委这块你可以加在教育经历这部分，写下担任的班委职务、任职时间。如果你还参与过其他学生组织，也可以把相关的任职写上去。

小张：好的，老师。

---

❶ 关于人力对邮箱的感觉，此处仅是咨询师个人见解，并非事实。请酌情参考。——编者注

咨询师：接下来的几个类目可以按照你的优势去写。你在校期间的获奖多吗？

小张：获得过两个校级奖项，我大多数的获奖是科创类奖，也获得过国家级奖项。

咨询师：很好啊！如果你的科创做得好，你可以把科创部分放在简历偏上面的位置，比如教育经历下面，把获奖名称、获奖内容、获奖级别、获奖时间按照时间降序排列，再按照国家级、省市级、校级的顺序排列，这样可以把你的科创优势突出出来。

小张：好的，老师。

咨询师：可以把实习实践经历也加上去，你大学期间有参与过实习实践吗？

小张：我在银行实习过，有两次志愿者经历。

咨询师：好的，这部分都可以加上，写实习经历时可以加上些你实习时的工作内容，这样让人力直观了解你曾经参与的实习事项。这部分也可以提炼数据，比如"你在银行实习1个月，曾任大堂经理助理，协助做过120位客户的业务办理工作"，这样既有数据又有你工作的内容，更加直观。

小张：好的，老师。

咨询师：基本技能这块，把英语、普通话、职业资格证书、office技能这些都可以写上去，让人力看到你最基础的办公能力。如果你哪项技能比较突出，可以把这项技能的顺序放在前面些，比如说英语除了CET4、CET6，你还考过托福90分，这是你的优势，可以把这个技能及分数放在一起。

小张：好的，老师，就是要突出自己的优势对吗？

咨询师：是的，写简历相当于给自己包装，当然前提建立在一切数据真实的基础上，通过加粗、调整顺序结构、数字化等技巧来完善简历。

小张：好的，老师，我回去先写起来。

咨询师：另外自我评价这块你可以根据自己的性格特点简单写1-2句，突出自己的优势，同时也要写上团队协作能力，企业招募员工，也希望找身心健康的员工，所以沟通协作能力也是进入企业之后的重要能力，这部分自己也注意下。

小张：好的，老师，那我写好了再跟您预约咨询，您再帮我看看，好吗？

咨询师：好的小张。

三、案例分析

该案例中，小张的咨询目标是如何撰写简历，咨询师根据历届学生撰写简历中常出现的问题帮助小张一起分析，通过格式、撰写内容、常见误区、写作规范等内容帮助小张逐一分析，使小张可以少走弯路，直接掌握撰写简历的技巧方法。

四、经验启示

1.简历撰写"共性化"与"个性化"兼容

大学生在撰写简历时，首先可以根据共性化的内容先把简历写出来，然后根据自己的个性化逐一调整，突出自己的优势。先找些简历模板学习，然后形成自己的简历。另外，一张正规的职业照也是筛选简历的"敲门砖"，是人力对你的第一印象，因此这部分也需要大学生们注意。

2.记录并定期更新自己的成长经历

大学生在撰写简历的同时可以通过记录成长经历的方法记录自己的成长过程，把自己每学期参与的活动、主办方、时间等信息都记录下来，也可以了解自身哪些内容比较丰富，哪些内容要增加时间去积累，全部罗列出来。这样，在以后要用的时候，不会遗漏重要信息，是一种非常好的完善资料的方法。

5 —— 职业规划篇 ——

案例一　如何将未来蓝图与合适实习有机结合?

咨 询 师：聂含聿
来访者情况：小蓝，大二
主 要 困 惑：未来的就业方向

一、背景信息

小蓝，女，大二，对于未来工作行业不明确，曾参加过实习，想要厘清未来如何选择行业的思路。

二、咨询过程

咨询师：同学你好，请问今天想要探讨什么话题?

小蓝：老师您好，我对未来要选择的行业还是很模糊，您有什么建议吗?

咨询师：可以先跟我说说你现在的情况吗?

小蓝：我现在刚上大二，大一暑假我去银行实习了，我对未来的就业方向还是不明确。

咨询师：暑假这次银行实习感觉怎么样?

小蓝：这次实习是家里帮忙找的，感觉银行工作挺累的。

咨询师：那你喜欢从事银行里的事务吗? 将来如果有机会去银行就业，你会想要进入这个领域吗?

小蓝：不想去，太累了，不过下次实习应该还会去这个银行。

咨询师：听到你说将来不想从事银行类工作，那为什么还打算下次还去银行实习呢？

小蓝：因为这次实习跟那边老师已经熟悉了，他说如果我下次暑假想要找实习，可以直接过去的。我觉得这样就不用再去找实习了，比较方便。

咨询师：那你是否有思考过，你不想要从事的行业，你实习还准备去银行，这样的实习效率是不是不高？是不是没有和你未来的职业发展做结合呢？

小蓝：这方面没有思考过。

咨询师：老师觉得，如果你明确将来不从事银行类工作，那么我们接下来实习就要换方向。这次银行实习已经帮你排除了一个不感兴趣的行业，那么下次暑假，你可以选择一个你比较感兴趣的行业再去尝试。如果实习后感到不排斥、感兴趣、可以继续，那么你未来就可以考虑入职这类型的公司。这样的话，相当于你对于未来行业有直接的实习经验，会助力你工作后迅速适应岗位，你觉得呢？

小蓝：是的，老师说得也有道理，这方面我没有想过。

咨询师：那你现在有没有思考过将来要考研还是出国深造还是考公务员，或者是明确要就业？

小蓝：我觉得我将来希望直接就业。

咨询师：我觉得非常好啊，你的目标已经开始缩小了，这是很好的事情，说明你的目标还是很明确的，这在同龄人中属于速度较快了。

小蓝：谢谢老师。

咨询师：如果是明确就业的话，接下来你在大学的生涯发展需要多提升与直接就业相关的技能，比如大学期间多积累实习经验，多练习沟通能力、表达能力、为人处世能力，除了学习成绩外，多提升自己的软技能，这样可以更好地助力你将来走向工作岗位的适应力。

小蓝：好的，老师，我了解了。

咨询师：你现在有在学生社团工作吗？

小蓝：有的老师。

咨询师：挺好的，说明你很有意识地去提升自己各方面能力。既然有固定的学生社团，平时有工作的时候，可以多做思考如何把这个工作做好，有哪些工作是否有轻重缓急的顺序，培养自己细致细心又全局统筹的思维。

小蓝：好的，老师。

咨询师：现在，你觉得目标明确些了吗？

小蓝：明确多了，老师，我觉得现在自己知道接下来马上可以做什么，另外就是关于实习的事，老师给的建议我之前没有思考过，我觉得老师说得有道理，我要把握有限的实习机会，谢谢老师啦。

咨询师：不客气。

三、案例分析

通过该生的案例，我们发现小蓝的总体生涯目标较明确，她知道自己将来的方向是就业，不过她对于不喜欢的银行岗位还要重复实习，可能会浪费一次实习机会。这一点小蓝开始没有意识到。通过咨询可以帮她厘清思路，明确方向，可以少走弯路，减少做无用功。

四、经验启示

在生涯规划中，我们可以设立长期目标和短期目标。拿小蓝的案例来说，她的长期目标是四年后的就业，短期目标是阶段性的实习，只是实习的方向要和未来就业发展方向相关，如果明确未来不想要从事的行业，那么实习也要及时转换行业，这样实习效率会更高，也会为自己探索喜欢且擅长的行业做铺垫。大学生在实习选择上要避免盲从，在实习选择上应多结合自己的兴趣。这样，大学生在未来就业中工作稳定性会更高，职业幸福感也会更高。

案例二　考公务员是我的唯一选择吗？

咨　询　师：卢挚飞

来访者情况：小花，大二

主 要 困 惑：想要留在上海考公务员，要怎么规划

一、背景信息

小花，女，大二，理工科专业，希望将来工作轻松，压力不大，想要通过考公务员留在上海，想要了解自己应该如何准备，前来咨询。

二、咨询过程

咨询师：同学你好，请问今天来职业咨询，你有什么想要探讨的话题吗？

小花：老师好，我想要咨询考公务员的事。

咨询师：好的，没问题，老师想问下你现在你对于考公有哪些了解？

小花：公务员比较稳定，如果考公需要提前报机构辅导，我目前了解的只有这些信息。

咨询师：好的，那你思考过为什么想要考公务员吗？

小花：公务员比较稳定，比较轻松，没有太大压力，适合女生。

咨询师：那你想考哪里的公务员？有想好城市吗？

小花：我现在在上海读书，能留在上海最好了。

咨询师：考虑过其他城市么，比如你的家乡？

小花：我很想留上海，想着已经出来读书了，尽量不回家乡。

咨询师：这样看来，是不是只要能留在上海工作，除了公务员，如果有其他好的工作机会，你也是考虑的？

小花：是的老师。

咨询师：很好啊，这样看来我们的就业范围就更广了，除了考公务员，直接进公司就业也是可以考虑的对吗？

小花：是的老师。

咨询师：很好！那我们来看看，除了公务员外，喜欢的行业都有哪些？

小花：会计或审计类的，银行，投行，我想到的是这三类。

咨询师：那如果按照你的喜好给它们排序，你会如何排？

小花：银行第一，投行第二，会计事务所第三。

咨询师：非常好，通过梳理我们可以看到要留上海工作，我们可以有四类选择，这些选择可以增加我们留在上海的概率。老师想问问小花，那这四类选择，你知道具体都要准备哪些内容吗？

小花：这个没有了解过。

咨询师：我们简单归纳下，如果考公务员，最好有学生干部经历，尽早提交入党申请书，努力成为一名党员。其次公务员需要写材料，需要文笔扎实，以及逻辑思维能力和应用文写作能力。如果去银行，要提前考银行从业资格证，此外也可以提前练习点钞。银行对于抗压能力、客户服务能力、数字敏感度有一定要求。如果去投行，我们学校之前也有过本科生毕业去投行的成功案例，只是本科生进入投行所去的岗位一般与销售相关，对表达能力、沟通能力有一定要求，此外也需要考取投行从业资格证。如果去会计事务所，可以提前考初级会计师的证书，此外就是有一定会计事务所的实习经历，同时如果将来希望长期在事务所里发展的话，CPA、ACCA 这类专业证书也可以提前准备起来。所以每个行业领域都有些需要我们提前准备的工作。现在你对这些领域有些概念了吗？

小花：清晰多了，老师，没想到我可以有这么多的选择性，最开始我只想到考公。而且上海考公务员难度肯定更大，毕竟全国各地的人才都来上海，竞争还是挺大的。但是经过老师的梳理，我发现我挺喜欢上海，想要留在上海是有多种路径可以选择的。这些是我从来没有想过的。而且在老师问到我想要留的城市时，我更确定了自己喜欢上海这座城市，也更坚定了。

咨询师：非常好，你已经打开了自己的思路，我们可以多条腿走路，把路走宽。小花之前有实习过吗？

小花：还没有，准备今年暑假实习。

咨询师：好的呀，那我们可以把简历准备起来，然后下学期投起来，暑假时间有两个月，我们可以从这四个方面选择其一，先从你最感兴趣的行业开始你的实习，在实习中感受自己是否喜欢这样的行业。

小花：好的，老师，我回去先准备简历，尽早投起来。

咨询师：很好，有想法有行动了，如果接下来还有些困惑或者问题，我们可以再预约讨论。

小花：好的，谢谢老师！

咨询师：不客气。

三、案例分析

该案例中，小花一开始只想考上海公务员，但是问到她考公要准备哪些内容时，她其实并不了解。当咨询师做了一系列提问时，该生对自己的意愿进行梳理，才发现最希望留在上海，而考公并不是她唯一的兴趣与选择，这给她拓展了留在上海的思路和路径。

四、经验启示

1.在确定未来就业方向前可以通过澄清的方式来确认

在我们确定自己未来工作方向之前，可以对自己进行几次灵魂拷问：

我们要留在哪个城市？为什么？

我们想要从事哪类工作，为什么？

我们想要从事的工作需要我们具备哪些条件？

当明确了这些问题之后，我们对于自己的职业价值观、职业兴趣会有直观的了解。大学毕业生第一份工作十分重要，所以第一份工作尽量不要随意找，而是根据自己一定的职业生涯规划再做决定，这样会对未来的发展更有益，可以减少做无用功，也可以避免盲目就业带来的对工作的认可度不高或者频繁跳槽等职业壁垒。

2.针对自己感兴趣的行业了解行业招聘要求

在筛选出自己想要从事的行业之后，可以具体了解该行业相关岗位的招聘需求，这样可以针对性地做应聘前的准备。比如，将来想要进会计事务所，可以提前考初级会计师资格证，有能力还可以考ACCA、CPA等证书。

案例三　想成为会计师的我要转专业吗？

咨 询 师：韩晨

来 访 者：学生小A，大一新生

主要困惑：考研和考证如何取舍，找实习不知如何入手，考虑转专业

一、背景信息

　　小A，大一新生，理工科专业，班长，从初中开始就定了职业目标是会计。以下为学生小A开始咨询前整理的问题：

　　（1）我面临考研还是毕业直接就业的选择难题，不知道如何选择。

　　（2）关于转专业的问题。因为以后想当会计，但现在我学的专业是经济统计，在考虑转专业。

　　（3）关于实习的问题。不知道具体什么时间实习合适，实习单位是选择企业还是会计师事务所？

二、咨询过程

咨询师：你好同学，请问今天想要探讨什么话题？

　小A：因为我从初中开始就想当一名会计师，最后选择了现在就读的学校，我觉得自己对于职业选择还是很明确的，但在成为会计师之前我觉得自己走到了岔路口。

咨询师：你总共有3个问题，你想先探讨哪个问题呢？

　小A：我想先聊聊是否需要考研，我咨询过学姐，如果想做会计，相对于考研她

建议我考证，所以我在想我是不是要把考研的精力和时间用在考证上。

咨询师：你在大一就开始思考考研、考证，说明你有长远的思考，也许你可以从另一个角度想，你现在才大一，从大一开始就树立一个目标是非常好的，你当下学习好会计的专业知识，不管是考研还是考证都是非常重要的，把学习成绩提高，在探索的过程中也许会逐渐清晰自己是考证还是考研，或者同时进行。

小A：是的，我现在大学开始才一个月，总觉得自己之前只是埋头学习，没有什么社会经验，所以我现在想得很多，什么都想要，也许像老师说的，我可以一步一步走，扎实好知识，探索出道理。

咨询师：你的觉悟很好啊，大学里除了学习，实践也是非常重要的，这对你今后不管是考研还是直接工作都是有帮助的。其实考研复试也要面试，也会提交个人的履历，如果你有高的绩点以及很多的实践活动，对你都是很有用的。所以在大一树立好长远的目标，也许不用急于确定道路，学好知识、做好实践，今后不管走哪条路都很有用。

小A：是的，我是外地考生，刚来上海，还在探索的过程中。

咨询师：相比于同龄人，其实你考虑得更长远，老师也希望你在有这些想法的情况下主动寻找机会。

小A：是的，我也想在大学生活里主动一些，这学期初我竞选成为班长，想让自己在新的环境里闪亮些。

咨询师：真棒，这是一个非常宝贵的锻炼机会，在大学里，提高学习成绩和获得工作能力都非常重要，你能够有这样的主动意识非常好。

小A：其实对于实习我也有一个困惑，我不知道什么时间去实习比较合适。有的同学大一就开始实习了，有的人大三才开始。

咨询师：首先呢，我们厘清实习和兼职的区别，你刚刚提到有些同学大一就有的实践机会可能是一些兼职，而实习的话一般是到公司通过提交简历、面试后获得的一份较为正式的实习工作，如果你有兴趣的话，可以关注我们学校的就业公众号，上面有实习的信息，你可以看看实习的一些要求，对照自己的不足，这样也有了努力的方向。当然，如果想找一份比较满意的实习，你从现在开始就在校园里多积累实践经验，相信对你今后实习很有帮助。

小A：那我今后实习是选择企业还是会计师事务所更合适呢？

咨询师：你从初中就定的目标是会计师，非常好，任何一家有财务会计岗位的企业，都可以是你的求职方向。如果你当下对去企业实习还是去会计师事务所实习比较纠结，老师建议你都可以尝试。你现在还是大一，刚刚开始大学生活一个月，老师建议你找实习的时候可以试试这两个方向，也许当你真正进入岗位工作之后，会有更深刻的体会和感受。

小A：我觉得老师说得挺有道理，可能我现在思虑比较多，也许我可以先学好会计专业知识，在实习时尝试不同的公司和岗位，这样会逐渐清晰自己的选择，其实我一直很憧憬丰富多彩的大学生活。

咨询师：是的，最近校园线下活动比较少，建议你可以多关注校园各方面的新闻，我们部门最近也在办"职业作品大赛"，也非常欢迎你来参加。对了，我看你之前还提到想转专业是吗？

小A：是的，老师，我现在是经济统计学专业，我想转专业到会计学专业，不知道怎样进行。

咨询师：据我了解，我们学校转专业的要求是首先学好本专业，成绩较为理想的前提下才能申请转专业。

小A：是的，我在学好经济统计学有余力的情况下开始学习会计学的知识。

咨询师：听下来，你能够兼顾好两个专业的学习，说明学习能力很强，转专业的具体条件和申请方式，你可以提前咨询教务处。

小 A：非常感谢老师，我觉得我现在重要的是学好专业知识，做好校园实践活动，多积累，这对我今后不管选择哪条路都是很有帮助的。

三、案例分析

小 A 是个很有主见的学生，作为大一新生，她对未来有自己明确的想法，而且很喜欢会计专业。同时，她的成绩优异，全面发展，转专业成功的概率也比较大。所以，咨询师引导该生了解转专业的相关信息，助力学生实现自己的会计师梦想。

四、经验启示

像小 A 这种大一目标就如此明确的学生较少见，不过非常鼓励学生进入大学后尽早树立自己的生涯目标。小 A 通过咨询师的引导逐步对于转专业、考研、考证、实习等内容有所了解，接下来再投入学习生活中就更能有的放矢。

案例四　考插班生失败，如何重新做好大学规划?

咨　询　师：聂含聿
来访者情况：小阳，大二
主 要 困 惑：未来想要考公务员，不知道现在要准备什么

一、背景信息

小阳，女，大二，大一期间备考插班生，最后失败，大二决定投入到当下的学习中，未来想要考公务员，不知道现在的阶段要做哪些准备。

二、咨询过程

咨询师：你好同学，今天想要探讨什么议题?

小阳：老师您好，我最近有些迷茫，可以找你聊聊吗?

咨询师：很欢迎，你可以说说是什么样的困惑?

小阳：老师，是这样的。我大一整年都在准备插班生考试，不过最后没有考上，我原来把目标都定在插班生考试上面，几乎没参与过学校活动，现在考插班生的目标没了，我不知道自己接下来在学校的三年可以做什么?

咨询师：听起来大一这一年你很用心专注地投入插班生考试，为自己的梦拼了一下，老师很欣赏你的勇敢和坚持。那你有思考过将来有什么打算? 出国、考研还是工作?

小阳：我想考公，老师。

咨询师：也很好，有个明确的目标。这个决定和家里商量过了吗？如果第一目标是考公务员，有考虑过第二目标吗？

小阳：如果考公考不上就工作吧。

咨询师：挺好的，现在你还是大二，有很多不确定，不过可以做好两手准备。如果按照考公和就业做准备，你觉得接下来要提升自己的哪些能力？

小阳：我还没有想过这些，因为大一专注考插班生，所以这一年没有参与班委、社团、学生会等学生组织，我想着大学期间可以有更多的自由时间，平稳度过大学。

咨询师：听起来你的心态很平和，很好。我们现在一起思考下，如果未来想要考公和就业，大学期间可以做哪些准备？

小阳：老师，要做哪些准备呢？

咨询师：比如考公，你有没有看过你想考的部门的招聘简章，都有哪些要求啊？

小阳：没有看过呢。

咨询师：可以查起来，公务员系统的工作与文字打交道比较多，因为经常要写材料，所以文笔这块可以练习起来。

小阳：好的，老师。

咨询师：再就是公务员与人打交道也比较多，所以我们可以适当地做一些学生工作，学校也是体制内，可以通过练习，训练自己与上级、同级、下级沟通的能力。如果你要就业，那么实习经历很重要，沟通同样也要练习起来。

小阳：哦，这样啊，这些我之前都没有想过。老师那我大一没有参与活动，现在参加学生社团还来得及么？

咨询师：来得及啊，你可以问问周围的同学，还有哪些社团组织有招新，可以去体验下。

小阳：好的，老师。

咨询师：你可以尝试每天写日记，输出一些文字，找到写文章的感觉，日积月累。如果坚持三年，你的行文会很顺畅，这些都是微行动，不会花费太长时间。

小阳：可以的，老师。

咨询师：另外如果考公务员，现在也可以有意识地多看看新闻，随时了解国家政策方针，建立自己对时事政策的敏感性，对于将来进入公务员系统也是有帮助的。

小阳：没问题，我平时也有关注新闻。

咨询师：很好的习惯，我建议你暑假可以找一份实习，在实践中感受下社会环境。因为现在你没有接触过社会，对于社会的了解还停留在书本，可以在实践中感受下工作状态。也许你实习之后会发现自己对某个行业很感兴趣，最后有可能直接就业了，这也是有可能的。

小阳：好的，老师，我也想去了解了解企业的实际情况。

咨询师：大学是人生中很美好的时间，你可以在大学期间尽可能多地体验生活，体验过程中对自己越了解，你就会越清晰自己想要什么。

小阳：好的，老师，挺感谢您给我这么多宝贵的意见的，很多都是我以前从未想过的，我现在觉得可以有一个小目标，然后自己做起来。

咨询师：不客气，我们的长期目标是考公和就业，短期目标就是在大学期间如何提升与这两个大目标相关的软技能，然后设置一些更短期的目标，这样把长期目标和短期目标结合，努力三年，你会发现你的职场胜任力会很强。

小阳：好的，非常感谢老师。

咨询师：不客气。

三、案例分析

该案例中，小阳由于插班生考试结束，忽然回归到正常的大学生活，有些不知道方向，不过小阳对于未来已经有较清晰的目标，因此咨询师引导来访者建立与长期目标相关的短期目标，通过短期目标提升自己的软技能，从而为长期目标做准备，目标清晰了，该生也就有三年继续学习生活的前进动力和努力方向了。

四、经验启示

1.适时调整阶段性目标

小阳大一入学的目标很明确是考插班生，如果考试成功可以去一个理想的高校，因此，小阳大一几乎没参与过校内活动，一门心思准备插班生考试。然而大一结束后，他发现无缘插班生。这相当于前一年的阶段性目标没了。这时小阳做得很好的点是主动寻求帮助，考虑下一阶段的目标。这类学生对自己人生很有规划，因此，咨询师引导小阳探索下一阶段的目标，为小阳接下来三年的大学生活厘清方向。

2.细化短期目标

经与咨询师沟通，小阳确定了自己大四要考公或者就业的长期目标，因此咨询师引导小阳针对长期目标设立短期目标，通过"公务员招聘什么标准？""就业需要哪些能力？"等提问，引导小阳反向思考，想要这样的结果，当下要准备哪些技能？通过细化短期目标，完成接下来三年的生涯规划。以长短目标结合的方式，小阳可以明确当下可以着手的方向，为下一阶段的目标的努力，打下良好基础。

案例五　退学打工养家是一条职业路径吗?

咨　询　师：衣红梅

来访者情况：小D，大一学生

主 要 困 惑：该不该退学

一、背景信息

　　小D，大一，男生，独生子，性格开朗，成绩一般。父母经商，负债。小D认为学习没有出路，还要花钱，想退学去工作，马上就可以有经济收入，不过内心不笃定，前来咨询。

二、咨询过程

咨询师：小D你好，有什么需要我帮助的吗?

　小D：老师，我有点不想读书了，我想退学。

咨询师：遇到了什么事，能跟老师具体说说吗?

　小D：其实也没什么，我就是觉得我们本科毕业也就只能赚个三千多，那还不如去工地搬砖，我们那搬砖一个月都能五千多。

咨询师：所以你感觉学习似乎不能获得同等价值的回报，是吗?

　小D：的确是有点想不通。

咨询师：爸妈知道你的想法吗?

　小D：我跟我爸讲了，他不同意，让我安心读完书。

咨询师：你觉得爸爸为什么不同意呢？

小D：他说家里能供得起我，觉得我已经考上大学了，还是得有学历。如果以后做老师还会轻松一点，稳定有保障。

咨询师：你怎么看待他的想法呢？

小D：说得有道理，但是大学毕业和现在就工作赚的钱都一样多，为什么还要浪费四年时间和钱呢？

咨询师：搬砖需要什么学历？

小D：我也不知道，应该也不要啥学历吧。

咨询师：你觉得以你的身体条件，能搬多长时间？

小D：感觉到40岁没什么问题，我看他们工地上还有年纪更大一点的呢。

咨询师：40岁之后呢，你有什么打算？

小D：那时候我就搬不动了，随便做点什么。

咨询师：可以做什么？

小D：这个倒没想过。

咨询师：听起来，你对搬砖的薪水很满意，但是对相应的职业发展似乎没有认真考虑和思考？

小D：是。

咨询师：你对专业只是薪水不满意？

小D：要学那么久，之后的薪水又不是很高，所以心里过不去。

咨询师：所以你认为学习的意义是什么？

小D：就是。又赚不到钱，还要花那么多时间，还得花钱。

咨询师：那除了这些你得到了什么？

小D：也没有什么，就是认识一些同学，参加一些活动，做一些老师交代的事情。

咨询师：所以，你觉得怎么样可以得到比你的期待收入高的工作呢？

小D：这个倒是不清楚。

咨询师：除了搬砖，你们学院里有谁的收入和报酬是你羡慕的吗？

小D：我们足球老师的还不错，但他都是教授了，我达不到。

咨询师：所以，你有一个职业榜样，但是需要时间和付出才能达到。搬砖是你觉得不需要太辛苦就可以达到的？

小D：是的。

咨询师：你的专业符合你自己和父母的期待，未来的发展也能达到自己的薪水要求，看起来只是需要时间、付出和耐心。而搬砖是目前可以完成你薪水上的期待，但是父母的意愿和未来的发展似乎都不是很明朗。

小D：父母可能不同意我去搬砖，只是我自己这么想。退学了我就只有高中学历，也干不了什么。

咨询师：所以，似乎是你一时冲动有了一个想法，但是仔细思考之后发现它并不可行，只是让自己的情绪有了一次宣泄。是这样吗？

小D：我当时就一拍脑袋这样想的。

咨询师：这次的冲动思考，会让你更加明确未来怎样行动可以更好地完成自己的期待吗？

小 D：可以。

咨询师：那我们回到你的话题上，你还要退学吗？
小 D：我再考虑一下吧。

咨询师：好的，如果需要帮助，可以再来跟我预约咨询。
小 D：好的，老师，谢谢。

三、案例分析

该生身为班长和家里的独子，责任感和使命感非常重，他退学的想法是由于家庭突遭经济变故引起的心理压力导致的，他一边会因为自己还在为花家里的钱而自责和难过，一边会因为无力为家里解困而感到愤恨和沮丧。小 D 最后想到的办法是减少自己的花销来为家庭的经济困境助力，可想而知，家长是一定不会同意的。经过咨询，小 D 也能够渐渐清醒地认识到，自己只是一时冲动，搬砖的想法并不能称为职业路径。

四、经验启示

这是一个很有爱的故事。虽然在父母的眼中，孩子永远是孩子，自己永远心甘情愿为孩子付出。其实孩子也在用自己的方式，努力为家庭出力。在大人看来，现在很多孩子缺乏责任感，但是，在危急的关头，需要他们站出来的时候，他们可以迅速挑起家庭的担子。很多选择在当下看来都没有对错，但是以发展的眼光看来，高下立见，搬得动的砖块，搬不动的未来。

案例六 "平平无奇"的自己要如何规划未来?

咨　询　师：陈珺

来访者情况：小王，大三学生

主　要　困　惑：普普通通的我要如何为未来规划

一、背景信息

　　小王，出生于农村，大三文科生，"在一所普通大学，做一个普通学生，每天正常上下课，没有什么特长，但也想为就业及未来做打算。"小王如此描述自己。咨询师眼中的小王具有强劲的内核，也许他现在没有什么荣誉和成绩，但是他懂得要改变自己，尽管他一直强调自己有多"普通"，但是他没有被这个定义封锁。他选择竞选校学生会部门负责人并成功当选，他的努力得到了不错的反馈。

　　近期，小王和父母的几通电话让他陷入了迷茫，父母说"你有想过以后打算要做什么工作吗? 我们帮不上什么忙，你要靠自己，抓住一切机会"。小王觉得父母的过度关注，让他觉得压力很大，前来咨询。

二、咨询过程

　　结合小王的情况，咨询师制定了如下的咨询方案：

　　第1步：通过谈话等方式，和小王建立良好的关系。运用职业规划的相关理论和工具，辅助小王探知自己的兴趣、性格、技能和价值观。

　　第2步：在对自己有了较为清晰的认知后，引导小王进行职业的探索。充分了解目前职场现状和前景，结合职业兴趣，确定职业目标。

第3步：根据最终职业目标，帮助小王认清目前自己和职业目标之间的差距，计划目标执行方案。

第一次咨询：建立关系、确定目标

第一次正式咨询，咨询师准备好了温热水，希望咨询环境可以让小王更放松一点。

咨询师问了小王一个常规问题：抛开专业限制，你最想从事什么工作？小王回答："没有什么特别的，我也没什么特长爱好，所以很困惑。"

咨询师在有针对性地了解了目前小王各方面情况后，和小王一起厘清了目前的几个方面的主要问题：

（1）对自己的职业生涯一团模糊，不知道可以从事什么样的工作。

（2）缺乏自信心，对自己的兴趣爱好和能力一无所知。

（3）缺乏沟通能力。

向小王介绍了一个关于兴趣、性格、能力和价值观的测试，并向小王耐心细致地讲解了测试的原因、方法和条件，并请他在下一次的咨询时把测试报告一同带来。在约定了下一次咨询的时间之后，顺利地结束了第一次咨询，小王愉快地离开了。

第二次咨询：职业兴趣、职业能力及职业探索

帮助来访者聚焦自己，探索自己的兴趣和潜能，是生涯咨询师的一项重要工作。通过小王递过来的测试报告，咨询师发现他的职业兴趣探索得到的霍兰德代码为IAR。不难看出，小王职业的职业兴趣偏向研究型和艺术型。

咨询师：测试结果出来了，但测试仅仅是一种方法，虽然能够帮助你更好地探索和了解自己，但同样要动脑筋思考分析，不能完全盲目地看待测试报告！

小王：嗯嗯，我明白的老师！

咨询师：你成功当选了学生会部门负责人，很厉害！能和我说说为什么想要去做学

生工作呢?

  小王:其实在上大学之前我基本没做过类似工作,但经历了高考步入大学,离开
        家乡,我决定要利用学校的资源锻炼自己,希望能举办一些特色文体活动
        丰富大家的课余生活。

咨询师:真不错!(微微点头示意小王继续说下去)

  小王:我开始渴望尝试一些有挑战的工作,开始组织全校球类文化月,因为自己
        也很喜欢球类运动,想让同学们都参与进来感受球类运动的快乐。

咨询师:球类运动是你的兴趣和特长,很好!我注意到你也提过比较喜欢英美文
        学,有没有考虑过今后从事与外语写作、翻译相关的工作?

  小王:很久以前,我确实把成为一名作家当作自己的人生理想,但这毕竟只是一
        个爱好。相较而言,我更喜欢从事外语翻译的相关工作,翻译正好能用到
        我的专业所学,能更大地发挥出自己的专业能力。

咨询师:拿出生涯细目表和决策平衡单,协助小王完成了决策平衡单。在完成了自
        己的决策平衡单后,小王对比发现自己的首选目标是外语老师、外企工作
        人员、外语翻译三个职业。

第三次咨询:确定职业发展目标及需要做的努力

    通过自我探索结合自己的思考,小王选择了三项最合适的职业:外语老师、外
企工作人员、外语翻译。

    经过充分的讨论和交流,我们一起设定了目标:小王需要在今后的学习和生活
中,努力提高自己的政治素质,持续加强自己的外语素养,提高自己的团队合作能
力和沟通能力,积极参与团队活动,接受挑战、主动贡献、积极参与决策,一步一
个脚印,争取早日实现属于他自己的职业目标。

    至此,小王的职业生涯咨询圆满结束。

三、案例分析

目前不少高校学生就读专业与其兴趣和能力不一致，导致他们在学习动力、职业目标、专业与职业关联等方面有诸多困扰。解决专业困惑并不是简单地通过一两次谈话、一次咨询就可以完全解决的，需要以职业规划理论为基础，引导来询者进行自我探索、职业探索、规划实践，从而有效实现生涯规划目标。

四、经验启示

1.提前做好职业生涯规划，充分利用一流教育资源

要重视大学生职业生涯规划教育，提前开展生涯规划唤醒活动，大学生只有尽早树立职业理想，才能充分利用好高校的教育资源，提升个人素质和能力。在职业规划探索初期让学生找到长远发展的职业目标与规划是不现实的，关键是确定职业方向，具体的职业岗位目标可以在以后学习、工作中不断修正、明确。

2.注重学生自助与职业咨询相结合，丰富生涯教育形式

此案例对于能够主动求助的同学解决专业、职业困惑有很好的借鉴意义，但对于那些不能主动寻求帮助的同学，辅导员和职业生涯咨询师可以结合第二课堂，通过职业互动、体验式教育，激发学生自我认知、自我发展的意愿（主观能动性），然后再结合职业咨询的方法给予指导。

案例七　学生干部如何调整得失心、锻炼领导力？

咨　询　师：聂含聿
来访者情况：小北，大三
主 要 困 惑：学生工作压力大，学生干部工作中如何调整自己的得失
　　　　　　　心态

一、背景信息

小北，男，大三，担任院主席团成员，由于近期学生干部其他成员要脱产参与一个市级项目，所有工作安排布置落在了小北的身上，他觉得压力很大。同时对于原来几个成员一起进行的工作，现在落到了自己一个人的身上，也有些心理不平衡。所以寝食难安，感觉心里委屈，不知道是否要辞职，来求助。

二、咨询过程

咨询师：同学你好，请问今天想要探讨什么话题？

　小北：老师您好，我最近有些困惑不知道要怎么处理，可以找你聊聊吗？

咨询师：当然可以啦，你可以说说最近具体遇到了什么困惑？

　小北：是这样的。我一直在做学生干部，这么多年来都很努力做好事情，现在做到了主席团成员这个职务。最近其他几个学生干部要全脱产参与一个项目，导致之前几个人分工承担的学生工作，现在就只能由我一个人来承担，我觉得压力很大。而且如果我布置任务，由于我与其他小伙伴关系很一般，不知道他们愿不愿意配合我工作。我现在寝食难安，有点想要放

弃。我觉得不公平，凭什么他们出去参加项目，我要一个人承担所有的工作，而且我在工作中并没有获得什么。

咨询师：我听到了你的伤心和委屈。

小北：是的，我跟我爸妈商量我是否要辞掉这个职务，爸妈说如果这个时间点我退下来，大家都会觉得我不靠谱，让我咬牙坚持下来。

咨询师：那听完爸妈意见之后，你怎么想？

小北：我虽然很不情愿，但真的只有咬牙坚持了，但是我不甘心，凭什么我一个人来承担，这么多工作我怎么做？我最近就在加班加点完成工作。我觉得身心疲惫，感觉自己好累，真的什么都不想干了。

咨询师：老师很理解你的疲惫和感受，忽然之间几个人的工作一下子都压到你一个人身上，大多数人都会觉得有巨大压力。

小北：是的老师，很有压力。

咨询师：那你将来有什么规划？考研、出国还是就业？有考虑过吗？

小北：我准备就业或者考研。

咨询师：那你实习过吗？

小北：有的，我在华为实习过，感觉实习过程中收获还是蛮大的。

咨询师：你很优秀啊，本科生可以在华为实习，是个很不错的机会。

小北：是呀，这个机会很难得，过程中接触了很多工作，都是在学校期间没有接触过的，我觉得蛮开眼界，也很锻炼人。

咨询师：通过实习，你觉得未来工作中需要哪些能力？

小北：与人打交道的能力吧。

咨询师：非常好！是的，大学是个小社会，在小社会里与他人的接触就是为了自己未来进入社会工作可以更得心应手。你刚才说到你还准备继续学生干部工作，是吗？

小北：虽然不情愿，但是还会继续。

咨询师：很好，我看到了一份担当！这段时间你承受了很多压力，还能做这个决定，很不容易。接下来的学生工作，我建议你可以和主管老师沟通下，告诉老师你的难处。在你第一次独立接手这些工作的工作会议上，邀请主管老师一起参加，请他帮你跟大家说说现在你临时接手诸多事项的难度，并邀请其他小伙伴一起配合你，同时你可以私下联系一些小伙伴，请他们一起帮忙。

小北：老师，我不愿意求人，尤其是跟我不太熟、关系一般的人，我觉得他们高高在上，我在很卑微地请求，觉得自己太没有面子了，而且说完之后不知道他们是否愿意配合，觉得好尴尬。

咨询师：从你刚才的描述中，我看到了你给自己预设了一个框架。我觉得你要先放下你的顾虑和担心。我建议你在工作中可以先做到一件事，就是把工作和情感分开。我问你，你未来的客户是你可以选择的吗？

小北：不可以。

咨询师：那未来客户是不是会有不同性格，是不是也可能会遇到性格高傲的客户？

小北：是的，客户肯定不能选。

咨询师：你说得很好，客户不能选择，你将来的职业生涯中你会遇到各种不同类型不同性格的客户，我们不可能让客户适应我们，我们需要了解客户的性格和要求，针对他的情况为他进行服务，对吗？

小北：是的，客户是要给我们付费的，我们肯定要把客户服务好。

咨询师：那你现在的学生工作中可以把一起工作的小伙伴当成你的客户，不论你和他们关系好不好，你们都需要接触，都需要完成相关的工作。而至于你喜不喜欢他们和他们喜不喜欢你，这是朋友层面的问题，喜欢的朋友，可以多接触，不喜欢的朋友可以少接触。

小北：老师我懂了，我在学生工作中带入了我的情感，我只要把他们当成工作关系就好。

咨询师：是的，你悟性很好。所以你现在的学生工作也是在锻炼你的个人能力。

小北：你说得也有道理，老师。

咨询师：有时候祸福相依，坏事也是好事，正是因为有现在的机会，你需要独自承担三个人的工作，所以你可以独立思考，看看这些工作可以如何布置、如何分配，其实对你的领导力是个很好的锻炼，相当于你在带自己的团队。老师想问，工作之后你觉得多少年之后你可以带几十人的团队？

小北：估计要5~10年吧。

咨询师：非常好，那从现在你做学生干部到你5—10年后带团队是不是间隔有好多年？

小北：是的。

咨询师：那你说现在你可以独立做主练习团队带领，是不是个很好的实践机会啊？

小北：是的，这是我没有想到的。

咨询师：所以你现在的学生干部工作不是给别人做的，而是给你自己做的，在学生干部工作经历中锻炼自己的软实力，练习与他人沟通、协作，与上级、同级的相处，练习统筹协调，如何分配工作，如何布置时间节点等，这些都是对你的历练，这些才是你在学生工作中最受益的部分。

小北：老师说得特别对，我觉得我明白了，特别感谢老师。

咨询师：不客气。

三、案例分析

该案例中，小北由于一些外在原因，学生工作的体量忽然增大，感觉自己压力，内心不平衡，会有得失心，会觉得自己付出了很多却并没有什么收获，因此咨询师在过程中引导他换个角度，看到他付出的价值，把该生的内在动机提升起来，让他转变认知，将"付出没有回报"的错误认知转化为"我为我的将来在付出"，同时引导他看到"危机"——危中有机的部分，从而用积极心态和坦诚态度来进行接下来的工作。

四、经验启示

大学生加入学生组织，当学生干部，有些同学会被表面的评奖评优、荣誉等迷惑，觉得自己做学生干部就要获得荣誉的鼓励，其实并不然，辅导员可以引导学生看到做学生干部在小事中锻炼自己"软技能"的机会，让他们放下对外界荣誉、评优的单向追求，而是从自身出发，我在学生干部期间的努力付出对我自己的成长有哪些益处？我具体提升自己哪些能力？这些能力是否是自己在未来进入职场中可以用到的？在学生干部时提前锻炼自己的职场适应性，这样大四毕业进入社会，自己就不是"职场小白"，而是有经验的新员工。从这个角度引导，学生会更注重自己综合实力的提升，为进入职场，为在未来职场中脱颖而出，打下坚实基础。

案例八　大二的我如何规划自己的职业路?

咨　询　师：卢挚飞

来访者情况：小夏，大二

主 要 困 惑：想考公务员，不知怎么规划

一、背景信息

小夏，女，大二，理工科专业，未来想要考公务员，不知道自己现在要如何准备，前来咨询。

二、咨询过程

咨询师：同学你好，请问今天来职业咨询，你有什么想要探讨的话题?

　小夏：老师好，我想考公务员，不知道接下来要如何准备。

咨询师：好的，我们可以一起来探讨，首先老师想问下你为什么想要考公?

　小夏：我觉得考研太难了，考公务员的话相对轻松些。

咨询师：考公务员这几年人数也不少，而且现在的竞争也同样激烈，这点你有考虑过吗?

　小夏：没有。

咨询师：你将来希望在哪个城市工作?

　小夏：想要留在上海。

咨询师：除了考公务员，你考虑过直接就业吗？

小夏：没有，我觉得直接就业也挺难的，我是外地人，直接留上海工作不太容易，现在考研的人又很多，我觉得自己直接就业概率不大。

咨询师：刚才你说到"你觉得"外地人凭借本科学历直接留上海工作的概率不大，那是否有过类比，比如问问学姐学长或其他人的就业情况呢？

小夏：没有问过。

咨询师：首先，我想跟你说的是，我了解学校往届的就业情况，很多外地毕业生都可以顺利留在上海工作，近几年受疫情影响，考公务员和考研的人数激增，直接就业反而是比较好的选择。

小夏：老师，那我不是研究生，也能顺利在上海找到工作吗？

咨询师：当然可以！因为每个岗位都有一定的人才需求量，很多基础岗位招人不一定都要求是"985""211"学校的毕业生，也不一定都要求是硕士研究生。只是我们希望可以顺利留在上海，所以前期肯定要做好充足的准备，就像你今天主动预约来做职业生涯咨询，就是往前迈了一步。

小夏：哦，这样啊，看来我留上海是有希望的。

咨询师：是的，我们接下来一起探讨下一步我们可以做些什么？

小夏：好的，老师。

咨询师：从上面分析来看，小夏不排斥就业，只是之前对于自己直接就业不太有信心，可以这样理解吗？

小夏：是的老师。

咨询师：那我们可以把接下来要选择的路扩展为两个方向，一个是考公务员，另一个是就业，你认同吗？

小夏：我认同的老师，我希望将来所从事的行业可以有假期，可以出去旅游。

咨询师：除了当老师有假期比较长的寒暑假外，一般公司都是有年假的，一般一年5～10天，这部分你不用担心。

小夏：好的，老师，那就好。

咨询师：我们继续接着上面思路说，无论考公务员还是就业，你的终极目标还是要走向社会，所以可以先积累实习经历。小夏，之前实习过吗？

小夏：没有实习过。

咨询师：接下来你可以想想第一份实习想要找哪个行业的工作。你喜欢跟事务打交道，还是喜欢跟人打交道？

小夏：我比较喜欢跟人打交道。

咨询师：在你了解到的和人打交道的工作，你有没有感兴趣的？

小夏：银行吧。

咨询师：我们可以把第一次实习目标定为银行。你先到银行里感受下这样的节奏你是否可以接受，再看看银行的小环境如何，和自己是否契合。

小夏：好的，老师。

咨询师：接下来可以先把简历准备起来，同时也可以看看《职来职往》这类的应聘节目，对面试有些了解。如果要留上海，可以提前学学上海方言，无论将来去银行还是在上海做公务员，你都会与上海本地的老百姓打交道，我们提前学习起来，也是为了自己将来工作可以更便利，你觉得呢？

小夏：是的老师，上海话我也计划着要学习起来。

咨询师：另外公务员的工作对于文笔要求比较高，你平时可以有意识地锻炼自己的文笔。同时公务员工作相对单一，你可以在假期找一个公务员单位实习，也去实地看看这样的工作环境是否是自己喜欢的。

小夏：好的，老师，这些都是我之前没有考虑到的，我回去理理思路。今天很感谢老师！

咨询师：不客气，接下来如果再有问题，我们可以再预约咨询。

小夏：好的，老师。

三、案例分析

该案例中，小夏对自己的定位并不是很清晰，且对于当下就业环境了解不多，对于行业和就业去向仅凭自己的印象，相对片面。咨询师通过一系列的提问，帮助该生了解自己的实际需求和想法，帮助该生打破"我是外地生源，本科毕业留不了上海工作"的固定化思维，帮她从发展的眼光转换思路，"如果我要留在上海，我现在可以做些什么？"同时通过往届毕业生情况的分析，让该生意识到自己留在上海工作的可能性很大，燃起该生直接就业的希望，帮助该生建立未来就业的信心。

四、经验启示

1.低年级大学生可以多参加企业参观和实习，对未来工作有一定概念

从小夏的案例中我们看到，小夏对于社会就业情况了解甚少，进而对于未来直接就业没有信心，外地生源可以通过一些实践机会参与到企业参观、走访、到企业实习的活动中来，通过直接接触企业，了解企业当下的运行情况以及现在就业市场的基本行情，进而对于自己未来的就业能力有直观的概念。

2.重视职业生涯人物访谈

在大学的《职业生涯与就业指导》课程中，期末作业会给学生们布置采访一位已就业的人物，大学生可以利用这个机会多了解职场经验和就业行情。通过访谈内容扩充自己对于就业、行业的知识储备，我们可以有机会"站在巨人的肩膀上前行"。

案例九　未来想从事金融行业要如何准备？

咨　询　师：韩晨

来访者情况：小A，大二，金融学专业

主要困惑：想从事金融行业，如何实习，考证，考研

一、背景信息

　　小A，大二，金融学专业，以下为学生小A开始咨询前整理的问题：

　　（1）我是理工科背景，未来还是想在金融领域工作。如果想要考研，是不是考理工相关专业会比较好应聘？

　　（2）第一份简历应该怎么写，要注意什么内容？大二可以投"八大银行"吗？

　　（3）金融咨询和金融分析师有什么区别？

　　（4）如果本科期间没有考CFA（特许金融分析师）、FRM（金融风险管理师）、CPA（金融风险管理师）的打算（工作或研究生期间考）会不会不好投递简历？

二、咨询过程

咨询师：同学你好，我看到你事先整理的咨询问题主要集中在金融学专业的就业方面，那么你今天想从哪个问题开始呢？

　小A：我想先问问简历怎么写？

咨询师：你有已经写好的简历吗？

小A：有的，但是我今天没有带来。

咨询师：好的，如果你是想具体修改简历的话，下次可以把简历带来，我们进行一对一的简历修改和润色。你今天没有带简历过来，我们可以先聊聊你简历上的活动经历。

小A：我现在学校的大学生职业发展协会公关部，还在班级里担任考评委员，但我觉得这个考评员的工作比较边缘化。

咨询师：为什么你觉得考评员的工作"边缘化"呢？

小A：因为不太重要吧，其实就是很简单、很基础的工作。

咨询师：其实如果你能够把简单基础的工作做得很好，也说明你很坚持。另外，考评员面对一个班级40多个学生，能够把这些同学的考评工作做到不出错，也说明你很有耐心。从这个基础的工作里你一样能够锻炼一些很不错的技能呢。

小A：是的，把小事做好也很重要，我现在也在申请挑战杯的项目，那我可以把这个写在简历里吗？

咨询师：你当然可以如实地在简历里展示出你参与过的项目，即使最后项目没有获得立项或者结项，但是你在申请和准备的过程中一样收获了很多，可以如实地写在简历里。但是如果项目能够获得好的结果那是更好的。所以，老师鼓励你多参与学校里的各个活动和项目，多尝试，多积累，这样也可以丰富简历。你现在才大二第一学期，就已经有了自己的简历，而且开始思考如何写好一份简历，这就非常棒！我们现在多积累校园经验，这样简历才会有东西可写，具体到简历撰写的一些注意事项，可以等下次你带简历过来，我们具体聊一聊。

小A：好的，谢谢老师，我还想问一下大二可以投"八大银行"吗？

咨询师：你是想现在去银行实习对吗？当然可以投递简历啊，但我们更多的是要关注一下他们招聘实习生的要求是什么？你有关注他们招聘实习生的具体要求吗？

小 A：没有，他们好像要大三大四的。

咨询师：建议你看看银行具体的实习生招聘需求，比如实习时长、专业要求、技能要求。可能大二课程比较满，不能满足对方的实习时长要求，也或者可能大二时校园实践经历不够，也可能银行希望招高年级的实习生满意之后就能直接入职。所以我们可以从岗位需求出发，岗位需要"什么样的人"，我就朝"什么方向"努力和积累。

咨询师：当然你开始关注这个问题，说明你已经比较提前明确了自己的职业方向，并且已经开始留意实习，这是非常好的。

小 A：是的，我是学金融学的，今后想从事的就是金融学相关工作。要么毕业之后直接做金融相关工作，要么读研之后从事金融相关的工作。但是我听辅导员说，考研最好跨专业考，有交叉学科的背景对我从事金融工作会更有利，是这样吗？如果我考研的话是继续选择金融专业，还是学其他专业比较好呢？

咨询师：这其实是一个比较"大"的问题，需要综合考虑多方面的因素之后做决定，老师可以给你提供一个角度，从你想从事的岗位的需求出发，看这个岗位是否需要交叉学科背景。

小 A：我想做金融咨询或者金融分析师，这两个岗位好像都需要金融学专业背景。在参加老师组织的"一杯咖啡"活动时，认识了一个做金融分析的学姐，我和她聊了很多。她就是金融学专业本科毕业，现在正在做金融分析师相关的工作。

咨询师：你现在已经明确了自己今后的意向岗位，这非常好，那么大三的时候就可以多尝试这方面的实习工作，开始实习的实践之后，相信你会更加明确自己的判断。

小A：是不是在大学期间要考证？我觉得考证费钱又费时间，我还想考研，但又感觉自己精力有点不够，而且，我对考证不是很有信心，所以我想是不是可以等工作之后再考证。

咨询师：建议你可以从岗位需求出发。如果你的意向岗位对这些证书有硬性要求，比如，教师岗就要求必须有教师资格证，那么建议你下功夫好好考证。如果你的意向岗位更看重实践经验，那么你可以多一些校园和社会实践经历，在有余力的情况下辅佐考证。

小A：好的，听下来我想趁现在大二的时候在学校里多参加活动，下学期开始找找实习，多尝试金融不同方向的实习。等到大三，我还是想备考研究生。

咨询师：听下来是很不错的计划，你清晰明确了自己未来的职业，接下来你可以在实践积累的过程中慢慢调整自己的计划。

小A：好的呢，我会加油的，谢谢老师。

三、案例分析

小A将来想要从事金融相关行业，因此对于未来生涯规划的问题，多集中在金融行业上，通过与咨询师的梳理，逐步明确自己未来的方向，目标越来越聚焦。

四、经验启示

小A对金融行业感兴趣，咨询师建议小A查找金融行业相关岗位的招聘要求。通过了解要求，再看现在要做哪些准备，这样的方式对于求职更有针对性。

案例十　不喜欢自己的专业，要如何规划职业生涯？

咨　询　师： 韩晨

来访者情况： 小A，大二

主要困惑： 不想从事数学相关工作

一、背景信息

　　小A，女生，大二，应用统计学专业，以下为学生小A开始咨询前整理的问题：

　　（1）我学的是应用统计学，但我不喜欢数学，学得也不好，以后也不想从事相关工作，怎么办？

　　（2）我所学专业的就业方向是什么？

二、咨询过程

咨询师： 同学你好，非常高兴你能够主动找老师进行这次咨询，你今天最想咨询的问题是什么呢？

小A： 我学的是应用统计学，我想知道我学的专业毕业后能应聘哪方面的工作？

咨询师： 你已经开始思考所学专业今后的就业方向，非常好！老师建议你可以问问你们专业大四的学长学姐，看看他们都在哪里实习，找了什么方向的工作。当然现在跨专业就业也非常普遍，你可以在思考和实践中多探索，找出适合自己的方向。你大一入学的时候是不是有导生呀？

小A： 有的，我的导生是大三的学姐。

咨询师：非常好，你也可以主动联系导生，和她聊一聊，了解现在大三学长、学姐们的实习方向。你现在对什么感兴趣呢？

小A：我觉得自己的数学不是特别好，又是调剂的不喜欢的专业，所以，不想从事统计师等数学相关的工作。

咨询师：嗯，那你现在知道自己不感兴趣的是数学，很好呀。你再想想你喜欢什么学科呢？

小A：我比较擅长语文、英语等文科。

咨询师：很不错呀，那你继续想一想有什么和你喜欢的学科相关的工作是你喜欢的？

小A：好像暂时还没有。

咨询师：那我们可以继续想一想，你喜欢的学科的相关工作有哪些是你不讨厌，愿意去尝试的呢？比如行政文员或者学科老师？

小A：我现在从来没有实习过，我也不太了解，但是我觉得行政文员我想试试。

咨询师：是的，你可以从自己愿意尝试的岗位开始实习，当你真正进入岗位工作之后，也许会对自己有更多探索和了解，在实践中探索自己喜欢的。大学里低年级的同学不知道自己喜欢什么也很常见，所以老师鼓励大家从校园经历开始实践探索。你现在有参加校园里的什么活动？或者社团吗？

小A：没有，感觉自己消息闭塞，我都不知道去哪里参加活动，我们宿舍的人都是这样，都没怎么参加活动。当我发现班级有的同学进入学生会的时候，我也想报名，但招新都结束了。

咨询师：所以，你现在没有参加任何学校的活动。那么你可以抓紧时间从校园实践活动开始探索。在参与校园的活动中会锻炼自己各方面的技能，比如沟通技能、组织技能等，这些技能都是可以迁移到今后的工作当中的。在这个过程中，你也会逐渐找到自己感兴趣的方向。你可以多走出宿舍，多关心校园活动，关注学生组织的公众号，积极为自己争取机会。

小A：是哦，我现在都没有任何校园活动经历。

咨询师：你已经开始思考今后想从事的学科工作方向，这非常好，但另一方面，工作当中除了专业知识，还需要各种技能，这也是当下的你需要思考以及行动起来的哦，比如信息获取能力、沟通协调能力等，是进入任何行业工作都需要具备的。

咨询师：从另一个角度说，如果你在校期间没有任何的实践活动经历，那么等你去找工作的时候，简历上准备写什么呢？

小A：简历？简历上一般写什么呀？写在校园里干了什么，干了什么社会实践吗？

咨询师：对呀，简历就是向企业展示你自己，可以通过写你参与的活动，获得的奖项等方面来展示你自己。

小A：那我好像确实没什么东西可以写。

咨询师：你已经开始意识到这一点了，这也就是你改变自己的起点。

小A：我有时候觉得自己底子弱，觉得自己做不好事情，所以也没有去尝试了。

咨询师：你能够主动找老师咨询，这件事情就做得很好呢！

小A：是吧，老师你真的这么认为吗？

咨询师：对呀，我真的觉得你这件事情就做得很好，而且我能感觉到你内心还是想上进，想改变自己，想让自己变得更好。

小A：谢谢老师，是的，我想变得好一点。今天和老师聊下来我觉得自己除了想一想该做什么工作外，更多的是不能只是在宿舍里想，我要多参加一些活动，要动起来了。

咨询师：很高兴看到你能有这样的想法转变，老师期待听到你更多的好消息。

小A：谢谢老师。

三、案例分析

调剂的大学生在专业认同度和专业信心上都有所偏差，因此咨询师要帮助大学生拓展生涯思路，拓宽眼界，通过探讨未来职业的多种可能性，建立学生的职业信心，并通过进一步规划、行动尽早开始实习，在实战中了解自己的职业兴趣和能力。

四、经验启示

该生在校期间几乎没参加过学校活动，也没实习过，因此对于实习、找工作等没有基本概念，因此建议该生多做实习实践，这样会更加了解自己适合什么行业、想要去什么行业，对于未来规划发展会逐步清晰。

案例十一　大三开始实习，我要准备些什么？

咨　询　师： 韩晨
来访者情况： 小A，大三
主 要 困 惑： 实习迷茫

一、背景信息

小A，女生，大三，金融学院投资学专业，校大学生职业发展协会成员，以下为开始咨询前整理的问题：

（1）怎么选择就业的行业？

（2）我正在找实习但觉得好像找不到适合的。

（3）明天要开始实习了，我该做什么准备？

（4）实习的时候是选公司还是选岗位？哪个更重要？

二、咨询过程

咨询师： 同学你好，很高兴能有这次一起交流的机会，我了解到你现在负责大学生职业发展协会，说明你是一个能力很不错的同学，同时看了你事先发给我的困惑，感觉你现在处于一个比较迷茫的阶段。那么针对你这几个问题，你现在最希望从哪个开始呢？

小A： 我现在就是觉得不知道怎么去选择一个行业，我虽然学的是金融学，但我并不是特别喜欢相关的职业，我想考虑互联网运营，但是我的专业相关度比较低，比较难投简历，我自己也没有太多接触互联网方面相关的工作，这段时间投简历或者面试都没有一个比较好的反馈结果，有点灰心。

咨询师：听你刚刚表述，一方面你对专业相关的岗位兴趣不大，另一方面你真正喜欢的岗位和你专业不相关，觉得自己投出去的简历反馈不太理想。老师方便问一下你现在投了多长时间简历？大概投了多少份吗？

小A：大概一周十几份吧。

咨询师：我记得网易邮箱今年发布了统计数据，大概平均发出20封求职邮件才能拿到1个录用通知，95%的求职邮件和简历都石沉大海。所以，我们经常说刚开始找工作的时候需要经历海投阶段。而且，你刚发出去的电子简历，也许人力不是"不给你反馈"，而是"还没给你反馈"。所以，你需要继续努力的同时也耐心等待哦，对自己保持信心。

小A：其实我昨天去面试了财务相关的实习，已经录用了，虽然不是我最喜欢的岗位，但我明天会试试看，先开始财务的实习，但我回宿舍后听室友描述了财务岗，又觉得和我期待的好像不太一样。我打算先去实习，看看他们说的和我自己实习体验的到底有没有很大的区别。等这段实习结束之后，寒假里或者下学期我想换一份真正喜欢并感兴趣的实习岗位。

咨询师：你已经跨出了实习的第一步，非常好，那你真正感兴趣的岗位是什么呢？

小A：我想试试互联网相关岗位。

咨询师：你从现在给你实习机会的公司里选择了你"不反感"的财务岗位，而且愿意去实习，多给自己一个尝试的机会，这非常好。你可以通过自己的实习体验来告诉自己，"我"是不是喜欢财务这个岗位。

小A：是的，我也想给自己多一些机会。老师，我还有一个问题，我听学姐说实习公司的知名度要比实习的岗位、行业更重要，是这样吗？

咨询师：你这个问题非常棒。其实这个问题可以类比你当时高考填报志愿，是选学校还是选专业？如果你现在以学姐的身份给高三的孩子建议你会怎么说呢？

小A：如果是大一的我会觉得选专业更重要，但现在，大三的我觉得选学校更重要。

咨询师：其实关于这个问题，每个人都有自己的选择和答案，你看连你自己在不同的阶段都有不一样的答案，所以，也许不同的学姐们会给你不一样的答案。其实老师很高兴你能够主动和学姐去聊实习的一些话题，聊完之后你有了困惑，接下来你带着这样的困惑去实习岗位开始行动，相信你会慢慢找到属于你自己的答案。

咨询师：有一份大公司的实习经历确实会给简历增色不少，开阔职业视野，起点也高，但是在大公司也许只能做一个基础的"小喽啰"。去一家不知名的初创企业，因为员工少，在一个岗位上通常需要身兼数职，也许能够更快速地成长。而且我们在纠结去"大名气公司"还是"不知名企业"的前提是已经拿到了多个入职通知，自己能够选择的情况下。但前面你提到就这一家给你实习机会，"我"可能只能"被动"去这家公司实习。所以，我们也可以去思考之后正式找工作的时候，如何变被动为主动，怎样可以掌握主动权，在多个录用通知里挑选一个好公司。其实这也就需要我们自己不断积累实习经验，提高各方面的能力。

小A：嗯，我明白了，我觉得自己现在还是需要先积累提升自己。明天我要开始第一份实习了，也许我开始实习之后会有些想法的改变吧。

咨询师：是呀，带着困惑和思考去实习，非常棒呢！我发现很多同学开始实习之后从外在到内在都有很大的变化。

小A：是的，感觉大四的学姐们都变得很漂亮。其实明天就要去公司了，我有点期待也有点紧张。

咨询师：你现在更多的是要抱着多学习的心态去实习岗位，虚心学习，多听、多看、多做，相信你会和学姐一样很快成长。到了实习岗位上，一方面多学习财务相关知识，另一方面多提高自己的职场技能，比如沟通协调、人际交往、时间管理、解决问题等，这些技能是可以迁移到你的下一份实习以及今后的工作当中的。

小A：是的，我室友之前在审计岗位实习，我觉得能够出差挺好的。如果是我的话不会觉得累，可是他却说不想再出差了，和他聊下来觉得审计这份工作和我设想的也不太一样。所以一份工作到底"好不好"，还是需要自己尝试一下才会有更属于自己的答案。

咨询师：是的，你现在的很多想法都来源于别人说的，而且别人的说法有点直接影响到了你的行动，但是你目前还比较缺乏自己的亲身感受。

小A：嗯，我之前总是想很多，怕行动错了浪费时间，今天和老师聊完之后，我觉得自己应该多一些尝试，边行动边思考。

咨询师：老师很高兴你已经开始有了这样的转变。

小A：是的，我觉得要转变想法，以前总是"听得多"，今后我想应该"做得多"一些。

咨询师：老师很期待你开始人生的第一份实习，也期待你实习一段时间之后再来和老师聊一聊你的新变化。

小A：好的，非常感谢老师。

三、案例分析

实习是个试错的机会，让我们更清楚我们喜欢什么行业，不喜欢什么行业，在这一过程中我们不断调整自己，最终为未来就业做好充足准备。

四、经验启示

投递简历是个大海捞针的过程，投出去不回复的可能性很大。该生投了一周就有回复，是幸运的，不是每个同学都会这样幸运。因此，在投简历时要有一定的耐心，多投，有了回复就去参加面试，增加自己的面试经验。

案例十二　非师范专业的我如何成就自己的"教师梦"？

咨　询　师：韩晨

来访情况：小A，大二

主要困惑：如何成为一名初中数学老师

一、背景信息

小A，男生，大二，数学与应用数学专业。

以下为学生小A开始咨询前整理的问题：

（1）成为一名老师的核心要素是什么？

（2）想在上海或者浙江成为一名初中数学老师，有最低学历要求吗？

（3）从我现在所在学校毕业，成为数学老师的前景好吗？

二、咨询过程

咨询师：你好，非常高兴能有这次交流的机会，你现在是大二，觉得大学生活怎么样呀？

小A：大一的时候主要还是疫情封控期间，基本都是上网课，感觉自己学得不够扎实。

咨询师：你能够意识到自己学习方面有所欠缺，说明这就是行动改变的开始，期待你能够奋起直追，在学习上好好努力。我很好奇你是从什么时候开始有做老师的想法的？是什么触动了你这个职业目标？

小A：因为我在高中遇到了几个教学方法很好的老师，对我帮助很大，让我觉得做老师很有意义，是能够改变学生人生轨迹的一份职业，我觉得很光荣、很伟大。

咨询师：哇，你的想法太棒了，我和你有一样的想法。我小时候也是受家人的影响想成为一名老师，最后也实现了。我也希望你能够实现自己高中时的职业理想。你现在已经有了比较明确的目标，你觉得当下最困惑的一点是什么呢？

小A：我在想如果毕业后回到绍兴做老师是什么要求。比如，学历是否一定需要研究生，那我就要调整方向去考研；如果本科学历可以，那我会优先选择考证。

咨询师：老师很高兴看到你已经有了越来越清晰的职业方向——浙江绍兴初中数学老师。建议你可以通过家里人打听一下，或者直接在网上搜索当地的教师招聘信息。我还了解到每年上海都有长三角师资招聘会，建议你可以直接去现场看看，相信你会了解更多。

小A：好的，另外我还有个困惑，我现在不是师范生，我当时报考这个专业时想的是我考一个教资就行，但我现在了解到师范专业还会学习教育学、心理学等，不知道我现在这样是不是和他们差距很大。

咨询师：我们学校不是师范类院校，但这些年据我了解有一些你的学长学姐在毕业后直接去了学校工作成为一名教师，所以说这个机会是存在的，对于你现在来说虽然学习的不是师范专业，那么和专业培养的师范生肯定确实会存在一些差距，我们可以正视这个差距并思考怎么去缩小它，最终能够成功，你看确实有学长学姐成功的先例呀。

咨询师：那么你觉得当下的你可以为成为一名老师做哪些准备吗？

小A：首先要把数学专业知识学好学扎实，平时需要多参加一些活动，因为我感觉做老师沟通能力是很重要的。

咨询师：是呀，你前面提到觉得大一时候专业知识学得不够扎实，那接下来就要好好努力了。而且老师不光要懂知识，还要懂得如何把知识教给学生，简单地说就是不仅要知道1+1=2，同时还能够教会学生1+1=2。所以成为一名老师还有很多教学技能、教学方法需要你去了解、去学习，比如教案怎么写？新课怎么导入？在课堂上的教态要大方不怯场。

咨询师：你现在有清晰明确的求职方向是非常好的，接下来你的求职准备都可以围绕这个清晰的目标开展，比如实习、社会实践活动。我也很高兴和你分享我自己大学时候的实践经历，我和你一样很早就明确了成为老师的职业目标。所以，我从大一开始就做家教、去教学机构上课。我还做了一件创新的事情，就是在我的老家开办了"暑期爱心学校"，非常成功，还获得了当地电视台的采访，这让我得到的锻炼和成长都非常大。

小A：哇，老师，我也想去尝试办这样一个活动。我知道我们学校有个"家雁归巢"项目，可以回到自己初高中母校做一些活动，今年可能会恢复线下活动了。刚刚我听老师说到"爱心学校"，我很想利用学校这个项目做一些我想做的事情。

咨询师：很高兴你有这样尝试的意愿，非常好。我们经常说技能是可以迁移的，你在校期间参加的各样活动锻炼的沟通技能、组织技能、协调技能也都是可以迁移到以后教师的工作岗位的，所以在校期间可以多参加活动，同时要注意集中培养自己的教学技能。

小A：是的，我现在在图书馆宣传部工作。

咨询师：成为教师肯定要考教资的，你也要提前关注准备起来。要对自己的职业路有一些规划，每个学期、每个寒暑假都要提前围绕你的职业目标规划起来。

小A：做一名老师最重要的是什么呀？

咨询师：我个人觉得最重要的是"爱学生"，因为我在实习的时候跟着不同的带教老师，我能够直观地感受到内心爱学生的老师会在工作中更有热情，好像在不自觉中就能够做好了很多工作，这也是当时对我的实习经验触动非常大的。

小A：非常感谢老师，我觉得今天聊完之后更加坚定了我想做老师的决心，我也觉得我需要提升的地方还有很多，我也想快点着手开始锻炼提升自己。

三、案例分析

非师范专业学生想要成为教师也是有路径的，咨询师引导学生考取教师资格证，同时通过实习积累教育行业相关经验，助力学生成就自己的"教师梦"。

四、经验启示

小A的生涯规划比较清晰，希望当老师。他需要先确认回家乡当老师是否需要硕士文凭。如果需要，要做好读研的准备；如果不需要，可以在大学里多参加跟教育有关的实习、实践，包括语言表达、写板书等技能，都是有助于该生将来从事教育教学工作的。

6 ── 大学生活心理篇 ──

案例一　如何战胜学习拖延症？

咨　询　师：聂含聿
来访者情况：小A，大一新生，拖延症3到4年，内向
主　要　困　惑：容易情绪紧张，希望改变拖延症的习惯

一、背景信息

　　小A做事拖拉，拖延症三四年，因此经常感到自责。进入大学后写作业习惯于拖到最后的截止时间，小A对于这种把自己置于紧张境地的做法很厌烦，却又控制不住拖延。小A在某县城长大，普通家庭，父母管教严格，性格内向，不愿意与他人沟通。上大学后迈入人生的新阶段，渴望改善自己学习上的拖延习惯，希望自己未来变得更好。

二、咨询过程

咨询过程

小A：老师，我拖延症有三四年了，进入大学后很迷茫，不知所措且很容易感到紧张，每次写作业都拖到截止时间，却又控制不住。我感觉很痛苦，怕影响未来的学习生活。

咨询师：你的情况我很理解，别着急，能跟我说说具体情况吗？

小A：我家在一个小县城，家里就我一个孩子。父母都是普通工人，他们从小对我很严格，希望我能好好学习考上大学，所以，从小只让我学习，家务都是他们做。我不太愿意和他人交流，来上海上大学后看到很多优秀的同

212

学，比如他们英语都很好，这使我更不知所措，更紧张，我甚至觉得自己没什么优点。我知道作业有提交截止时间，很想早点做完，但就是难以行动。我也不知道自己怎么了，每次总是拖到最后才去拼命赶作业，结果弄得自己很疲惫。

咨询师：听起来，你现在的环境和以前不一样，你感觉到了压力，是吗？
　　小A：是的。

咨询师：陌生的环境、陌生的学习方式也会让你有压力，是吗？
　　小A：是的。

咨询师：别着急，同学，我们慢慢来梳理。首先，基于我往届带过这么多学生的经验，紧张、迷茫是绝大多数大一学生都有的情况。我们在小学到高中的生活与大学生活是有巨大差别的。我们以前都生活在家乡，我们的生活几乎没有太多变化，但是大学却截然不同，在大学里上课，教室不是固定的，选修课的同学不是固定的，大学里的学习靠自觉而非填鸭式灌注。忽然之间没有人盯着我们学习，而是要自我管理，对于大一新生而言，属实有很多方面需要适应调整。你知道吗，大一新生几乎都有类似你这样的适应困惑，这不是你一个人的困惑，而是很多人的困惑。
　　小A：老师，我一直以为是我自己一个人的问题，听你这么说我感觉松了口气。

咨询师：拖延有时候是一种完美主义的体现，你希望做得好，又害怕做不好，所以会感到压力，是这种情况吗？
　　小A：我有完美主义倾向，十分希望把事情做好，但我也害怕做不好，因为做不好我会很自责。父母对我期望很大，我不想让父母失望。

咨询师：你觉得背着麻袋往前走和轻装上阵，哪个速度快？
　　小A：肯定是不背麻袋。

咨询师：大学是个新的旅程，一切都是新的开始。就像一张白纸，在这张白纸你想画素描、水彩还是油画都行，一切都是从0开始。老师给你的建议是先把身上背着的麻袋放下，轻装上阵，然后一点点描绘属于自己的大学画卷。你觉得可行吗？

小A：嗯，好。

咨询师：我想带你做个成长的任务，你愿意一起尝试吗？改变状态，先从每日坚持打卡开始。

小A：可以的，老师，是什么任务呢？

咨询师：正念行走呼吸，一个提升专注力的训练，我们练习把自己的专注力集中，这样能提高我们的学习效率，改善作业拖延的问题。

小A：好的，老师，我愿意尝试。

咨询师：我教你正念的练习方法。

正念练习反馈

这次正念行走呼吸对我有很多好处，使我收获了很多，也让我改变了很多。

（1）28天的正念行走使我养成了运动的好习惯。

开始时，我并不爱运动，是一个宅男。正念行走使我走出户外，接触大自然，使我身体健康状况有所改善。克服了惰性，勇敢走出了舒适圈，我的身心都得到锻炼。

（2）正念行走呼吸训练有效缓解了我的紧张焦虑情绪。

在刚开始的大学生活里，我并不适应远离亲人，凡事都要靠自己的生活方式，并且初到大学感受到的压力十分大，但在我每天坚持打卡的过程中，这些压力每天都在慢慢减少，内心变得越来越平静。正念呼吸帮助我走出紧张压力的阴霾，让我对大学生活充满自信。

（3）正念行走呼吸训练有效提高了我的专注力。

我原本是个容易走神的人。在最开始的正念呼吸训练中比较难以集中注意力，正念呼吸帮助我解决了这样的问题。每当我在练习呼吸时，它帮助我集中注意力于自己的呼吸吐纳上，使我感受身体变化，让我思想逐渐放空，专注于所思考的事情上，让我感到大脑思路更清晰。尽管有些时候仍然会被外物干扰，从而分散注意力，但是相对过去而言，我的注意力集中多了。并且，我上课听讲效率更高了，这些变化让我十分欣喜。

（4）正念行走呼吸训练帮我改善了拖延症的坏习惯。

因为答应老师要每天练习，因此我不得不直面心理上的惰性，每天坚持做。刚开始的时候感觉非常困难，也多次想要放弃，但是我坚持下来了，四周的正念练习我不仅没有中途放弃，更是由最开始的抵触情绪，变成最后的欣然接受。这使我明白了深刻的道理，做事情只要坚持才能成功。也让我看到了改掉自己的惰性没有想象中那么难，这增强了我的自信心。

刚刚步入大学的我对未来充满迷茫。虽然人们都说大学生活是轻松的，但是在进入大学生活后，我便深刻感受到学习的压力，原来大学生活并没有人们说得那么轻松，高等数学、会计学等等学科的知识既抽象又高深，逐渐占据了我全部的精力。上次找聂老师咨询，聂老师带我进行了正念行走呼吸练习，虽然开始我并不相信这会有帮助，但是随着一个月打卡练习的坚持，我逐步发现了我的变化。

我学会了如何与不良情绪相处并进行适当调整，也学会了如何在良好情绪觉察自己的状态，我的拖延症状改善了很多，十分感谢聂老师。

三、案例分析

该生咨询中提到3个重要信息：新生、学习拖延、情绪紧张。这也是很多新生都会遇到的新生适应问题。很多高中老师都会对高中生说到，"你在高中时努力拼搏，等到考上大学后，你就自由了。"这样一句话在高中阶段起到了鼓励学生的作用，不过同时也让学生们产生了一个思想误区——到大学后，反而迷失了自己的方向，不知道自己将来的目标和方向是什么。所以，有些学生上大学后放飞自我，在宿舍疯狂打游戏，然而当这些大学生意识到不能再虚度光阴时，转眼已是大二大三，甚至导致延期毕业。

因此，让大一新生们认识到大一适应问题不是个人问题，而是共性问题，是几乎所有新生的必经阶段。只是有些人适应期短些、有些人适应期长些罢了。从认知层面让学生们意识到这个共性问题，会舒缓新生的焦灼情绪。

四、经验总结

1.通过新习惯的养成替代旧有坏习惯

学习拖延既是习惯性问题，背后同时也有心理因素，在这里我们不展开探讨。对于习惯问题，我们职业咨询中可以做的就是通过改变习惯行为的方式去改变学生的职业生涯心态。因此通过每日打卡练习正念行走呼吸的方式帮助学生进行情绪状态调节。我们都说21天可以养成一个习惯，通过打卡训练让他每天看到自己的进步，这种小小的进步能有效提升学生的信心。相当于把一个大目标切分成踮踮脚可以够得着的小目标。

2.引导学生提升生活中的掌控感

让学生感到自己可以掌控自己的学习、生活，也就是获得生活中的掌控感。很多学生拖延，背后的心理机制其实是完美主义，所谓完美主义，就是尽善尽美，如果达不到完美，自己就会感觉很挫败。举个简单的例子，有学生学习成绩非常好，但是如果他每次没有排第一名，而是排第二名、第三名，他会感觉有种屈辱感，接受不了自己不是第一名，这种是典型的完美主义。引导这类学生，我们需要帮助他们建立信心、建立掌控感，让他们意识到自己本身已经很好，并且如果他们可以尝试保持平常心，会更促进他们的成长和发展。因此我们职业咨询的老师需要根据学生的不同情况去引导学生，也需要我们掌握一些学生基本的心理状态及调节方式，这样在处理学生生涯发展中的问题时，也会更得心应手。

案例二　学业压力让我"喘不过气来"要怎么办?

咨　询　师：孔祥阳

来访者情况：小吴，大二学生

主　要　困　惑：学业压力大，感觉压得自己喘不过气，很紧张焦虑

一、背景信息

小吴，女，法学专业，大二学生，感觉学业压力大，压得自己喘不过气，紧张焦虑，前来咨询。

二、咨询过程

咨询师：同学你好，请问今天来职业咨询，你有什么想要探讨的话题?

小吴：老师你好，我感觉自己状态不太好，一直很紧绷，感觉学习压力压得我喘不过气来，总担心自己学不好。除了学习，现在好像脑袋里想不到其他事情，我现在学习压力大，感觉很焦虑，不知道自己能做什么，再这样下去快要崩溃了。

咨询师：很感谢你愿意信任我，将自己的问题和老师一起探讨，你先别着急，我们一起来探索探索。如果给自己的压力状态打个分，0到10分，0分是一点压力都没有，10分是很有压力，你给自己现在的压力状态打多少分?

小吴：10分吧。

咨询师：你能说说这10分都包括哪些内容吗?

小吴：我感觉周围同学学习成绩都很好，大家都是各地的佼佼者，我觉得自己不

敢休息，一休息就要落下了，以前我在高中成绩都是年级前10名，现在班级前20名都进不去，我觉得落差很大。我觉得自己现在就像背了个大麻袋，好累，感觉喘气困难。

咨询师：如果我们描述下10分压力，你具体想到了哪些情绪？

小吴：焦虑、担心、恐惧、紧张。

咨询师：好的。现在请你闭上眼睛，先和这几个情绪静静地待一会儿，不加评判，只是去感受情绪。

小吴：好。（闭上眼睛，眉头紧锁）

（1分钟后。）

咨询师：现在可以慢慢睁开眼睛，现在感觉怎么样？

小吴：好像好点了，没有刚才那么紧张了，稍微好些了。

咨询师：你做得很好，接下来老师带你做正念呼吸的训练。正念呼吸有助于帮我们调节情绪状态，让情绪更平稳、平和。

小吴：好。

（10分钟正念呼吸结束后。）

咨询师：刚才的正念呼吸练习感觉怎么样？

小吴：刚开始时感觉气息被堵在了喉部，觉察到了自己的紧张感，感觉心跳很快。同时，自己容易走神，没那么专注。但后来又把自己拉了回来，随着呼吸次数增多，紧张感会减弱些，没有那么明显了。

咨询师：非常好的觉察！现在如果给自己的压力状态打分，0～10分，你会打多少分？

小吴：8分吧，感觉还是压力挺大的，不过比刚才好些了。

咨询师：很好啊，才一小会儿，你感觉的压力分数已经由10分降到8分了。回去你也可以自己多练习，相信对调节你的压力状态会很有益处。

小吴：好。

咨询师：接下来我们再来进行一个正念练习——正念吃葡萄干。

（15分钟后。）

咨询师：刚才的正念吃葡萄干环节感觉怎么样？

小吴：这真是一次全新的体验，我以前吃东西都挺快的。尤其在紧张和有压力的情况下会狂吃东西，感觉吃东西会缓解我的紧张，我是第一次这么慢速去吃东西，感觉很好。

咨询师：很好！当我们有压力有紧张担心的情绪时，很容易沉浸在情绪中，正念练习让我们很好地集中于当下，把注意力放到自己的感知和感觉上，这时候我们的紧张焦虑情绪会得到很好的缓解。

小吴：感觉现在状态好些了。

咨询师：现在如果给自己的压力状态打分，你打多少分？

小吴：6分吧。

咨询师：非常好！我们今天的咨询时间差不多到了，在今天的咨询中你有什么收获或体会吗？

小吴：我觉得今天让我看到了自己的情绪，通过老师带领的正念练习，我觉得自己感觉到了些许放松。

咨询师：你的觉察力很好，这个练习回去可以每天花10分钟练习，相信你坚持一段时间后，压力感会下降。

小吴：好的，今天谢谢老师啦。

咨询师：不客气。

三、案例分析

该案例中，来访者的主要问题是学业压力导致的情绪问题，因此咨询师引导来访者聚焦情绪问题，通过主观评分让来访者觉察自己情绪状态的变化，通过正念练习帮助来访者缓解学业压力带来的紧张焦虑感。

四、经验启示

1.识别来访者问题

来访者的学业压力有多种因素：环境因素、自身认知因素、情绪因素等，一次生涯咨询不可能全部解决，咨询师可以先解决当下对来访者而言主要的议题。案例中的来访者咨询的是学业压力，多次强调"喘不过气"。这个短语引起了咨询师的注意，因此咨询师通过情绪这个点切入，帮助来访者平复情绪，如果还有下次生涯咨询，可以探讨来访者的认知部分及学业压力分解的部分。

2.转移注意力

当来访者聚焦压力、他人等外在事物而因此很焦灼时，可以通过一些方法让来访者把注意力集中到自己身上，从"向外"转移到"向内"的方向，正念就是很好用的工具。当来访者关注自己的感受和呼吸时，注意力就集中到自己身上，这样的注意力转移会在某种程度上减轻来访者的焦虑状态。

案例三　如何直面就业压力？

咨　询　师： 梅凤娟
来访者情况： 大四学生，性格内向
主 要 困 惑： 求职压力，自卑

一、背景信息

小王就读于某"985"大学，然而名校的光环并没有改变她一直以来的自卑心态。小王家中有五口人，父母常年在外打工，她和妹妹由奶奶带大，她性格内向自卑，生活节俭，对自己缺乏信心。进入大学后她成绩中等，很少参与学校活动。现在已经准大四的她面对择业更加自卑，她担心自己缺乏市场竞争力、担心自己找不到工作。于是，她陷入了深深的苦恼中，焦虑担心，对各种笔试、面试都出现了不同程度的畏难情绪。

二、咨询过程

咨询师：同学你好，请问今天你想要探讨什么话题？

　小肖：老师我很自卑，觉得自己一无是处。

咨询师：感受到了你的情绪，马上大四了，能跟我说说这四年有哪些事让你感到开心的吗？

　小肖：我最开心的事是认识了我的室友，她们对我很好，我们相处很愉快。

咨询师：听起来你的宿舍关系不错的，在大学期间，你有参加一些社团吗？

小肖：没有，我普通话不好，沟通能力也差，我总担心别人笑话我，所以基本上不参加社团和学院组织的活动。

咨询师：你能考到这所"985"院校不容易，说明你很优秀，你的家人肯定也为你骄傲和自豪吧？

小肖：我爸妈在外地打工，当时听到我录取的消息都很高兴，好多亲朋好友都来祝贺我。（说到这里，小肖的脸上洋溢着微笑）

咨询师：你看，这是不是你的优势呢。我们今天来做个优势探索，探讨下你现在的优势。在投简历找工作时，可以朝着自己优势领域的行业和职位努力，这样你的就业成功率会更高。

小肖：好的，老师。

三、案例分析

小肖的自我价值感较低，在择业中定位过低，求职时常会因为自卑发挥不出自己的真正实力，也更容易在求职中被淘汰。建议联动辅导员通过其室友、班委帮助学生成长，多鼓励她发现自身优势，提升内在效能感。因此咨询师通过带她探索优势资源增强她的自我认同感。

四、经验和启示

1.多参与提高自信类的生涯团体辅导训练

该生的自卑状态不是一次咨询就可以解决的，因此建议该生多参与提高自信类的生涯团体辅导，通过专业的指导及朋辈引领树立积极向上的就业观和择业观。

2.多方联动鼓励关注该类学生

该生这类情况是需要多方联动持续关注的对象。可以通过辅导员、任课老师、室友、班干部等了解该生的情况，平时多做关心关怀，让该生感受到多方位的关注，增强该生内心安全感。有些学生由于父母经常不在身边，在沟通交流方面缺少练习，常常会呈现出不爱说话，说话声音很轻，缺乏自信的状态，在这个时候老师可多鼓励学生，并注意自己的交流方式，尽量营造平稳舒适的交谈环境，助力学生成长。同时可以给予该生应聘技巧，使该生提升就业胜任力和面试成功率。

案例四 如何改变晚睡习惯、提升学习效率？

咨 询 师： 聂含丰

来访者情况： 小B，大一新生，晚睡，注意力不集中

主要职业困惑： 如何改变晚睡的习惯，提升学习效率

一、背景信息

小B是一名大一新生，以前经常熬夜、晚睡，入学后继续熬夜，发现自己白天的注意力难以集中，学习效率和身体状态下降，对事物提不起兴趣，她不希望自己继续颓废，想要改变自己，让生活更有生机。

二、咨询过程

小B： 老师，我感觉现在的自己太颓废了，长期熬夜，白天经常跑神、注意力不集中，发际线都后移了。我现在白天看不进书，听课容易走神儿，没办法集中精力学习，我现在才大一，怎么办，这样下去我是不是要废了啊？

咨询师： 你先别着急，能跟老师说说具体情况吗？你是什么时候感觉自己注意力不太集中的？

小B： 两个多月了，高三时我看书看得晚。后来放暑假，晚上刷刷手机时间过得很快，每天要半夜一两点钟才睡。现在进入大学了，晚上睡觉前也习惯性刷手机到一两点钟。现在我最大的困扰就是上课听不进去也记不住。现在作业量大，我有点跟不上，我十分焦虑，觉得自己这辈子是不是就这样了，我该怎么办？

咨询师：我看到了你已经意识到白天的学习效率和睡眠习惯有关，这是很好的觉察。睡眠很重要，对我们身体各项指标都有影响。大一的节奏和高中不同，没有人监管你，学习都要靠自己。在这段适应期里，每个人都在探索，探索适合自己的学习方式和节奏。你在探索过程中发现，以前的作息习惯已经不能适应现在的大学生活，也许我们可以尝试改变起来。

小B：只是老师，我现在想要改变作息习惯，我在想方法怎么去改呢？

咨询师：这样吧，老师推荐你尝试正念练习的打卡方式，你连续坚持一个月看看效果。

小B：好的，老师。

咨询后反馈

在练习前，我很难想象正念真的对我的精神状况和生活产生如此大的影响。通过练习正念，我的生活变得更加可控，也体会到更深层的自由感。

（1）正念打卡提高了我的学习效率和长时间专注能力，使我学习时更容易进入心流状态。

当我练习正念时，我的杂念就会减少很多。它帮助我将注意力集中在当下的任务之上，而不是来应对一切干扰分散注意力。在这四周的体验里，我的注意力虽然时常被其他事物影响，但总体比以前好多了，我同时也学会了如何在面对其他任务时集中注意力更有效地完成任务。

（2）正念帮我达成了早睡早起的目标，改善了我的身体健康，也使自己更加关注自己。

28天早起正念呼吸练习使我监督自己早起，之后更变成了每天的一种期待。我开始逐步习惯这种健康的生活模式，从前的我对自己并不友善，大多数时候我可能会拼尽全力，试图变得"更好"或完成所有工作，而内心批评家的声音可能会是一个残酷的伴侣，不断地欺负我，将我压倒。但是，当我们学会自我关怀时，我更能够对自己友善，而不是自我批评。我终于学会了与生活握手言和，我终于答应自己好好照顾自己。

（3）正念缓解了我的焦虑和压力感。

在这四周里，很多次在我打卡前，我的心情会因一些事情而烦恼低落，但在打卡过程中，这些负面情绪随着时间逐步消散，随着汗水慢慢消逝，每次打卡完，自己的心情都是积极充满自信的，这其中就有正念练习的积极作用。

（4）正念使我更加镇静，从容不迫。

通过练习，我更加镇静，精神上更有弹性，并且更少陷入负面或无益的情绪模式。

当代社会每个人都有自己的压力和担忧，正念帮助我从压力和困扰中走出来。它并不是告诉我们要无为而治，顺其自然。相反，它具有很强的务实色彩，是正念告诉我，我要努力，要活在当下，提高专注度，走好人生的每一步。正念跑步打卡也让我养成了早睡习惯，这是我非常开心的事，自己的学习效率也提高了很多，之前认为自己很颓废的想法也改变了，感觉这种方式很受用。

三、案例分析

该生来咨询时，存在一定的焦虑情绪，晚睡直接影响了他的学习效率和身体状况。他甚至对于四年的学习生活都产生了质疑，担心自己是否会一直颓废下去。在这个点上，他将自己的问题扩大化、夸张化，觉得自己以后整个人生可能都会因此毁掉，这是属于典型的"以偏概全"的案例。因此我们首先要在认知上让他看到，这是自己认知上过于紧张的体现，让他意识到现在的问题是习惯的问题，同时要让他意识到这个问题是可以改变的，从认知上先帮他把身上背负的重担放下。

四、经验启示

1.行为改变促使习惯改变

针对该生的情况，可以用正念打卡的方式，让他改变旧有习惯，养成新的习惯。让他在坚持的过程中，把关注点由负面情绪和对学习效率的影响上转移到自己是否每天坚持进行和有进步上。从认知上进行调整，从行动上进行督促，使该生逐步从焦虑担心无力的状态中感受到自己行动的力量，从而养成好习惯。通过几天的练习，当该生逐步看到可以通过自己努力来改变状态时，"整个人都废了"的想法就会一点点淡化，当他一点点看到自己每天的努力的效果，他的负性情绪就会逐步消退。

2.正念练习对促进睡眠有益

正念对于睡眠和情绪的调节作用已有很多科学数据支持，因此当睡眠质量改善了，大脑负责记忆区域的海马会开始重新工作。这样他的注意力逐步集中后，他的焦虑情绪和压力也会逐步减少。专注力已经成为现代社会的稀缺资源，晚睡所造成的记忆力下降、注意力下降等问题已经成为现代社会很普遍的现象。所以当他意识到睡眠对于身体健康的重要性，以及睡眠对专注力和学习效率的重要性，可以通过每天打卡逐步在主观上接纳自己，同时每天小小的行动又会变成他的小成就，促进他有更大的内在动力改变自己、提升效率。

案例五　如何应对求职焦虑?

咨　询　师: 梅凤娟
来访者情况: 小李, 大四学生, 性格内向
主要困惑: 求职焦虑

一、背景信息

小李, 大四学生, 正在面临毕业找工作。因疫情影响, 就业形势严峻, 小李的成绩一般, 投了很多简历都石沉大海。本不想考研的他, 当看到周围同学都在准备考研, 变得更加焦虑, 出现严重失眠情况。家里人告诉小李不要有压力, 但是小李控制不了自己的情绪, 家人带小李去医院就医, 医生说压力太大。

二、咨询过程

咨询师: 同学你好, 请问今天想要咨询什么议题?

　小李: 老师, 我已经大四了, 不知道能否找到理想的工作。

咨询师: 那现在可以用几个词描述下你的情绪状态吗?

　小李: 焦虑、烦躁不安、迷茫。

咨询师: 感受下这种焦灼情绪在身体哪个部位体会最明显?

　小李: 胸口, 感觉很堵。

咨询师: 如果这些感觉此时想对你说句话, 它们可能会说什么?

小李：真的好担心，好担心找不到工作，担心自己未来一片灰暗。

咨询师：你能觉察到自身情绪状态是很好的！大四是人生道路上的一个里程碑，即将大学毕业，意味着将要进入一个新的阶段，面临一些选择和变化：工作还是考研？自己适合从事什么样的职业？能不能找到理想的工作，这些未知或多或少都会给人带来一些压力。今年受疫情影响，就业困难确实会显得更为突出。对于准备踏入社会的你来说，在面对这些不确定时，有焦虑的情绪是很正常的。

小李：但是我觉得别人比我优秀，好像只有我还没有找到工作。

咨询师：你是说你们全班都找到工作了，只有你没有找到吗？

小李：不是，是我周围的人。

咨询师：那看来你不是全班唯一一个没找到工作的，是吗？

小李：是的。

咨询师：每个人都有长处，我们需要客观评估下自己，比如，分析自己的专业、兴趣、爱好、特长等。知道自己的优势在哪里。了解自己对职业有怎样的期待。针对不同的职业，需要做哪些准备工作。对未来的职业有怎样的规划。相信我们做好职业规划分析，对自己求职方向和发展方向就会有清晰地认识。要根据自身情况与就业市场需求，树立合理实际的职业期待……这些都是可以让我们在不确定中找到一些确定感的方法。

小李：好的，老师，我觉得好像清晰点了，谢谢！

三、案例分析

当我们对一个事物不了解的时候，容易在想象中"放大"困难，从而觉得非常可怕，进而产生焦虑情绪。随着生涯规划的探索，对焦虑对象越来越了解，可能就没那么可怕了。对于就业而言，也是同样的道理，与其让自己困在焦虑的情绪里，不如理顺目标方向、行动起来，行动是缓解焦虑的有效方法之一。把注意力由焦虑情绪转移到关注就业机会，跟学长学姐请教求职经验，把简历做得专业且重点突出，试着参加几场招聘会，投递几份简历，去亲身经历求职过程，我们的成功率会更大。

四、经验启示

1.建立开放性、多元化的职业观

随着社会的发展和互联网技术的突飞猛进，如今的工作模式也在逐渐发生变化，职业的选择也越来越多元化，新兴职业如雨后春笋般涌现，求职的范围不再囿于传统行业。同时，传统行业中的技术技能型也日益受到全社会重视，深耕某一领域，成为行业工匠，也是职业发展的一条路径。可以选择先就业后择业，丰富自己的职业经验，累积职业资本，通过尝试和实践去寻找自己喜欢的工作，同时也寻找和等待机遇。

2.将自己的就业需求结合市场所需

如果我们对自己有充分的了解，同时及时关注就业市场的信息，结合现实条件和自身条件，制定可行的职业规划，并勇于去尝试，找到喜欢并适合自己的工作的概率会极大增强。

虽然近年来由于疫情，企业受影响较大，不过国内经济正在加快复苏，国家在大学生就业方面也出台了相关的扶持政策，其中就专门针对就业市场需求下降、毕业生求职延后等情况提出了相关举措，来拓宽应届毕业生就业渠道，这些对于准备求职的大四学生来说，都是毕业生求职路上的好消息。

案例六　如果心理发出警报，休学也是一种选择

咨　询　师：聂含聿
来访者情况：大五休学学生
主 要 困 惑：考试挂科多门，成绩学业预警

一、背景信息

　　小C，女，大五延毕学生，家庭条件较好，平时不与其他同学接触，独来独往。考试挂科多门，经常旷课，学业红色预警。

二、咨询过程

咨询师：小C你好，上次我们定好咨询时间，你没有来，也没有联系上你，请问你是不是遇到什么事情？

小C：上次从校外回来后直接上课去了，然后就忘了。

咨询师：这次我很开心你按时来了。

小C：嗯嗯。

咨询师：那你今天希望探讨什么话题？

小C：老师，我想问下，我挂科有点多，学业红色预警了，会不会影响我毕业啊。

咨询师：红色预警，是有些紧急的。挂科的数量和毕业所要达到的课程数量具有相关性。能跟老师具体说说你的情况吗？你高中学习成绩怎么样？数学是你喜欢的学科吗？我们都可以聊聊。

小C：我高中成绩还行，不是很喜欢数学。我是调剂来的这所学校。所有数学有关的科目我都没啥兴趣，大一大二没怎么学，后来就学不会了，也就不想学了。

咨询师：现在挂科的都是数学专业课吗？

小C：是的。

咨询师：对接下来的课程，你有什么计划吗？

小C：没有，只是想毕业。

咨询师：（咨询师看着她，她一副心不在焉的样子，感觉到她内心的孤独和无助）我感觉你的状态不是很好，你觉得老师可以帮到你什么吗？

小C：没事，没人能帮我，我就是觉得没啥意思，活着没啥意思。

咨询师：这种感觉从什么时候开始的？

小C：很多年前了。

咨询师：这种感觉你有和其他人聊起过吗？

小C：没有，我觉得没必要，其他人也不会理解我。

咨询师：那你有过什么负面想法吗？

小C：有过，划伤过自己。

咨询师：小C，老师建议你去心理中心找那边老师聊聊，看看我们有什么困惑、难点，可以帮你一起讨论下。

小C：好。

咨询后反馈

　　由于咨询过程中发现小C有抑郁倾向，因此咨询师建议该生到心理中心寻求帮助，并第一时间联系辅导员和该生家长，建议家长带孩子去精神卫生中心检查。刚开始其母亲觉得老师想多了，孩子没有任何问题，但仍带孩子去医院检查，诊断该生重度抑郁和中度焦虑。随后辅导员与家长联系，建议孩子先休学，把心理问题调整好，否则孩子已经有划伤自己的情况，在学校上学还是有危险隐患的。

三、案例分析

在咨询中，如果咨询师发现来访学生有抑郁倾向、自杀倾向，要及时转介到心理咨询中心。有些抑郁倾向的学生有很明显的指标：感觉活着没有意思，对任何事物无法提起兴趣，有划伤自己的历史，整个人意志力消沉，不愿意进行人际交往等。有些学生的话题看似是学业问题，其实这只是一个表征，只是冰山一角，背后隐藏了很多深层心理问题。因此我们职业咨询师需要有足够的敏感性，尤其是学业相关的来访，我们可以问问来访学生情绪、吃饭、睡眠之类的问题，如果发现有异常，要及时与学校心理中心老师和学院副书记、辅导员第一时间沟通，以确保学生当下的人身安全。

四、经验启示

1.关注来访学生细节，捕捉关键信息

在咨询过程中，有些学生可能无法分清生涯发展话题还是心理话题，因此需要咨询师善于捕捉与学生相关的关键信息并及时进行引领和引导，发现特殊情况及时转介心理中心。

2.关注被专业调剂的学生的生涯发展情况

对被专业调剂的学生而言，专业并不是自己选的，因此，学习时可能会出现厌学、学不会和学不懂的情况。这时候需要专业老师、班委、辅导员保持敏感性，在日常生活中鼓励他们降低心理期待，从"得高分"转化为"能通过"，通过认知层面的转变，减轻学生的学业负担，多关注学生每学期的挂科情况。如果涉及补考、重修的课程，可提前与家长沟通、协同干预，将长期目标进行切割，共同陪伴学生成长。

案例七　如何突破自己的社交恐惧？

咨　询　师：梅凤娟

来访者情况：小陆，大一学生

主 要 困 惑：社交恐惧，害怕与人交流

一、背景信息

小陆，女，大一。父亲常年在外打工，母亲负责孩子的饮食起居，很少与孩子沟通交流。在读高中时，有一次老师提问她，她不说话，同学们便开始笑话她，回到家她告诉母亲说，母亲只是说，以后离笑话她的人远一点。进入大学这个陌生的环境里，她怕自己再像以前那样被他人笑话，于是便拒绝与任何人说话。她很孤独、苦恼，主动前来求助。

二、咨询过程

第一次咨询

咨询师：同学你好，请问今天想要探讨什么话题？

　小陆：老师好，我从高中时就很想和同学和睦相处，但是我担心说错话被同学笑话，看到其他同学相处得很融洽，我很羡慕他们。

咨询师：很理解你的想法，之前有尝试过和同学沟通交流吗？

　小陆：有的，人多的时候，我会不由自主地感到紧张、害怕，以致手足无措、语无伦次。

咨询师：你在和他人交流时，有什么顾虑吗？

小陆：每当我和同学们说话时，总担心自己会说错，被别人笑话，久而久之我就不愿意说了，对周围的人和事越来越冷淡。

咨询师：没关系，沟通交流也需要有个过程，你可以说说自己的优势吗？

小陆：让我想想……做事认真，这个算吗？

咨询师：当然算啦！

小陆：（开心地笑了）我也很自律，自我要求高，爱护小动物，尊老爱幼。

咨询师：很好啊，你看你讲出了这么多的优势，我也很惊喜。今天老师想要给你一个小作业，你愿意尝试吗？

小陆：愿意的，老师。

咨询师：这次咨询回去后，你观察下其他人聊天的情况，感受下他们和朋友在一起聊天时的感受，然后找到一些促进聊天友好进行的要素，有信心完成吗？

小陆：好的，我尽力。

第二次咨询

咨询师：你好小陆，上次的作业我们完成得如何？

小陆：老师，我的作业完成了。

咨询师：你很信守承诺，老师为你开心！能具体说说你的观察吗？

小陆：通过观察我发现，其他人的聊天很轻松，他们的谈话都很简单，我觉得我应该也可以做到。当我试着和朋友一起聊天时，开始还是会担心自己说错话，但是朋友们一直鼓励我，让我有勇气进一步尝试沟通了。

咨询师：非常好的开始，很多事情都需要积累经验。沟通也一样，如果说我们以前没有在沟通方面花时间练习，那现在我们需要"补课"，所以给自己点时间，一点点练习起来。

小陆：好的，老师，我试试。

三、案例分析

从家庭原因分析，小陆父亲常年在外，母亲照顾小陆饮食起居，与她沟通较少，加上她性格偏内向，在安全感上有缺失。

小陆与人交往时担心说错话被人笑话，是因为该生在过去与母亲、同学的沟通交流中较少得到正向反馈，该生没有在过往的沟通交流中感受过良好沟通交流带给自己的愉悦感，因此对于沟通方面缺少信心。久而久之会感到紧张、害怕和不自在。该生处于大学期间，模仿是学生时期学习的重要方式，因此，咨询师通过让小陆观察身边人沟通交流的方式来完成自我学习和自我成长。

四、经验启示

1.对于不善言辞的学生可以多做优势探索的引导

该生在沟通方面缺少经验和正向反馈，性格较内向，咨询师可以引导这类学生做优势探索，引导该生发现自己的优势，从而建立信心，使该生有信心进行更多层面的探索。通过打破固有认知，改变来访者的认知思维模式，进行积极的自我暗示，建立积极思维。

2.模仿学习有助于提升自我效能感

观察他人的沟通方式是一种模仿学习，在模仿的过程中该生会有新的认知，进而自我反思再整合成自己新的经验，这样的方式对于人际沟通的学习是一种有效的方法，同时还可以提升学生的主观能动性和自我效能感。

案例八　如何与自己的"完美主义"共处?

咨 询 师：梅凤娟

来访者情况：小李，大三学生

主 要 困 惑：自我要求严格，希望改变焦虑失眠的习惯

一、背景信息

　　小李，大三学生，家中独子，母亲对其要求严格，管控较多，例如要求小李必须几点睡觉，几点起床，哪些食物吃多少等。小李学习认真刻苦、工作踏实负责、完美主义。由于每天只是埋头学习，人际交往较少，几乎不参加班级集体活动或同学间的娱乐活动。小李很在意自己的学习成绩，平时上课会因为学习的事情而紧张，上课时经常要去上厕所，如果考试成绩没考好，会非常自责，有失眠状况。

二、咨询过程

咨询师：同学你好，请问今天想要跟我探讨什么话题?

小李：我从很小开始就有睡眠问题，最近几个月加重了。晚上一直睡不好，导致白天没有精神，我一直在吃中药，有些效果，不过还是感觉不适。

咨询师：我看到你眼睛里有血丝。是不是昨晚也没睡好?

小李：是的。

咨询师：很理解你的情况，刚才你提到从小睡眠就不好，能具体谈谈这个情况吗?

小李：我记得很小的时候，估计才刚上小学，因为学习的事情感到非常紧张，总

担心自己考不好，上课时经常跑厕所，夜里睡觉也不踏实。

咨询师：你从小是调皮类型还是努力类型？

小李：我从小就很认真学习。

咨询师：那是不是可以理解为你对自己的要求很高？

小李：是的老师，我从小学习勤奋，对自己要求特别高，一直到大学都是这样的。

咨询师：你是对自己有期待，希望自己成绩会更好，是吗？

小李：是的老师，所以我总感觉很紧张，总是希望自己做什么事都可以做好，要是做得不完美，我就很难受。

咨询师：很理解你想要变得更好的心，说明你是很上进的同学。这次来咨询你是不是也有些现实的议题，能大体谈一下你现在的学习情况吗？

小李：现在的学习主要是学专业课知识，稍微有点难度，但是还可以应付的，其次就是在研究课题，争取发表文章。

咨询师：听下来现在的学业你进行的比较顺利，是吗？

小李：是的，可以正常跟上进度。

咨询师：我思考了下你刚才的话，对于你现在的焦虑、失眠问题，可不可以这样理解：从小学到大学，因为你的成绩一直很优秀，而且你习惯了这种优秀，生怕这种优秀没有了，因此你对考试要求非常高，不容有一点闪失。而现在面临学习和科研的双重压力，害怕考试失利，失去你原有的优越感。

小李：（沉默十几秒）似乎确实是这样的。

咨询师：那你觉得生活中我们可以做到完全的完美吗？

小李：应该没办法都做到吧

咨询师：嗯，很好，很开心你对这个问题有所觉察，那你觉得我们每天是否需要睡觉呢？

小李：需要啊，身体也需要休息。

咨询师：是的，所以我们经常说劳逸结合，休息就是帮我们调整状态，让我们可以更好地再投入到学习生活中，因为我们都是普通人。所以我们也需要劳逸结合。所以也许我们可以从另一个角度思考，有的时候我放松一下，是为了休息大脑，让我有更好的状态学习，你觉得这个观念你认同吗？

小李：认同的老师。

咨询师：我们需要一点点练习。老师有个提议，你是否愿意尝试下正念练习，练习下同理自己、接纳自己的练习。

小李：可以的老师，这个练习会改善我的焦虑和睡眠情况吗？

咨询师：正念对于情绪和睡眠临床上有较好的效果，我们也可以试试看，先尝试7天怎么样？

小李：好的，老师！

咨询后反馈

　　自从回去练习正念之后，小李尝试在正念过程中走神的时候跟自己说，没关系，我再回到呼吸上。他发现坚持这样的练习，让他好像变得更平静了，考试之前他会做几组呼吸练习，虽然还是很完美主义，但是感觉到自己的些许变化，他还是很开心的。小李还会坚持练习的，他希望自己状态越来越好。

三、案例分析

　　案例中小李的母亲对其要求一直很高，长久下来这种外部的要求逐步内化为小李对自己的要求，咨询师在与小李建立良好的咨询关系后，引导其发现并理解自己不合理的信念，引导其通过正念练习调整自己的呼吸状态进而缓解焦虑情绪。

四、经验启示

1.认知引导

咨询师通过关注、共情等方法与来访者建立了良好的咨访关系，在咨询过程中，当来访学生状态逐步放松下来后，咨询师通过"劳逸结合"引导该生适度放松，从认知上引导该生注意到绝对的完美并不存在。

2.正念引导

正念练习可以让呼吸速度逐渐变慢，触发副交感神经系统，这时候心率、血压、皮温等指标皆下降，随后该生会感受到逐步进入放松状态。该生频繁上厕所、紧张、睡不好等状况都可以通过正念呼吸这种放松训练来缓解。此外，在正念呼吸中，觉察"胡思乱想"到"把意识拉回来"的反复练习就是在做操作性条件反射练习，练习专注，练习接纳不完美，这个练习坚持久了，该生的情况会有所改善。

案例九　如何应对学业压力?

咨　询　师: 梅凤娟
来访者情况: 大二学生
主 要 困 惑: 压力大,希望改变焦虑失眠的习惯

一、背景信息

小红,女,19岁,学习成绩中等,每次到期末考试时,就会紧张到失眠,导致白天上课注意力无法集中,晚上看书没效率,拿起书就感到头脑发胀,浑身不舒服,甚至出现厌学情绪。因为学习紧张,压力太大,甚至曾有放弃上学的念头,又担心让父母失望,很苦恼,希望咨询师能帮助她解决困惑。

二、咨询过程

咨询师: 同学你好,请问今天想要探讨什么话题?

　小红: 我想知道怎么样才能解决考试焦虑的问题?

咨询师: 这种情况持续多久了?

　小红: 从高中时期就这样了,我高考本来可以去更好的学校,因为考试过于紧张导致高考发挥失常。大一期末考试也很焦虑,现在到了大二因为担心考试,有想退学的想法。

咨询师: 父母平时在学习成绩方面对你有要求吗?

　小红: 我母亲个性较强,对我期望值很高,经常以自己过去的不幸经历教育我一

定要抓住机遇，好好学习，我会感觉到有压力。

咨询师：你和母亲表达过自己的想法吗？比如考试的压力？

小红：没有，我不想让母亲为我担心。每次想和父母说的时候，会不自觉地联想起父母对我的殷切期望，觉得愧对父母，这时会出现心跳急剧加快的情况。

咨询师：你目前吃饭睡觉怎么样？

小红：平时还行，一到考试就吃不下饭，也会失眠。

咨询师：你自己对考试成绩很在意吗？

小红：我以前不是很在意，但是如果考试考得不好，母亲就会失落，考得好母亲就很开心，导致我越来越在意自己的成绩。

咨询师：如果你很在意成绩，把它看成对自己有着重大影响的事件，可能就会造成精神的高度紧张，考试焦虑值相应地也就较高。

小红：我怎么缓解这种状况呢？

咨询师：经历大学的学习，你现在对成绩是怎么看？

小红：我觉得考试成绩只是一部分，我们老师说过大学不仅仅看成绩，还要提升个人能力。

咨询师：你觉得有道理吗？

小红：我很赞同老师的说法，因为考试成绩不能代表一切。

咨询师：那你觉得要如何分配接下来的大学时间呢？

小红：一部分时间学习，另一部分时间培养自己的能力，参与些社团锻炼。

咨询师：非常好，大学前学习几乎是你的全部，大学后学习只是你生命中的一部分，所以在时间管理上我们需要开始做些调整，我们可以逐步做转化，把"全部时间"调整为"部分时间"。

小红：好的，老师，想到做一些时间分配，再想到学习，我好像就没有那么紧张了。

咨询师：非常好，此外你回去可以做音乐放松训练，通过这个练习调整下自己的情绪状态。

小红：好的，谢谢老师！

三、案例分析

通过分析，求助者的父母对孩子的期望水平很高，孩子的心理负担较重，孩子也接收这种期望，一旦遇到考试，就担心考不好会让母亲失望，自己陷入紧张和焦虑中，这种情况一直持续却没有得到及时引导和调控，紧张焦虑的情绪会一直发酵。

四、经验启示

1.认知引导

面对该生把学习看成一切并把自己的学习和父母的期待绑在一起的情况，咨询师要引导该生做认知上的剥离，把父母期待和自己的学习剥离开来，把混在一起的一件事分为两件事，同时要引导该生看到成人之后生活中不只是有学习，还有其他方面，将该生的注意力转移到其他个人技能的提升上，这样该生心理压力也会得到一定释放。

2.放松训练

面对考试焦虑时，我们可以通过音乐放松训练等心理方法消除紧张状态，克服考试焦虑，使身心得到充分的休息。借助音乐疗愈，听些旋律优美、曲调悠扬的乐曲，可以转移和化解心理焦虑，产生愉悦的感觉，可以缓解考试的紧张和压力。

案例十　上大学后如何与"严厉"的父母沟通

咨　询　师： 梅凤娟
来访者情况： 小张，大二学生
主 要 困 惑： 心理压力

一、背景信息

小张，男，大三学生，父母已退休，父亲较严厉，对他的管束较多，他和父亲关系很淡，该生比较内向，很少与人沟通。最近该生因学习成绩不好被父亲数落，又因为没找到公司实习被父亲批评，觉得自己很失败，同时也很痛恨父亲对自己的要求太多。最近一周晚上经常失眠，吃不下饭，很痛苦。

二、咨询过程

咨询师：你好，同学，请问今天想要咨询什么话题？
　小张：哎，我的情绪不太好。

咨询师：看你脸色不太好，是身体不舒服吗？
　小张：早上刚出门时被"老东西"批评了一顿，很难受。

咨询师："老东西"指的是？
　小张：就是我爸，我真的烦透他了。

咨询师：能和我具体说说吗？

小张：在我的印象里，自从上大学以来，我爸一直对我的成绩很上心，不论是周考还是月考，逢考必问我成绩，这也就算了，考得不好就会批评我，考得好也没有表扬，只是让我继续努力，从来没有听他表扬过我，一直都是别人家的孩子如何优秀，所以我一到考试压力就很大，会很紧张。

咨询师：你的心理其实很渴望得到爸爸认可，对吗？

小张：是的，哪怕表扬我一次也好。其实我的成绩一直处于中上等，高考就是因为压力太大没有发挥好，高考成绩出来后我很难过，可是我爸还批评我学习不扎实。

咨询师：很理解你的感受，除了考试成绩方面，还有其他方面让你觉得有压力吗？

小张：当然，今年暑假我没有找到实习公司，他就一直批评我，说我不求上进，即使我和他解释我投了简历，但他还是批评我。我当时很生气，在朋友家住了一周才回家。

咨询师：你的妈妈和爸爸一样对你要求严格吗？

小张：不是，我妈妈很好，每次我爸批评我的时候，我妈都会在其中劝和，但是我爸不听，他就是年纪大听不进去别人的话，总觉得自己就是权威。

咨询师：你试着和你爸爸聊过你的想法吗？

小张：没有，他这个人很固执，听不进去别人的话。

咨询师：你有想过是什么原因导致你爸对你的严格吗？

小张：我曾经问过我妈妈，说他们很不容易才有了我，所以我爸把所有希望都寄托在我身上，让我不要像他一样学习不好，只有学习好才有出路，但他的这种严厉让我觉得只有压力。

咨询师：听了你的描述，我们可不可以理解为你爸爸对你的严格其实是想弥补他以前没有好好读书的遗憾，从而希望你各方面都要很优秀？

　　小张：差不多吧。

咨询师：你爸爸对你的严格让你很困扰吗？

　　小张：是的，我爸爸经常联系我的辅导员老师，就连我日常活动、上课学习都要干涉，周末回家还要主动汇报在学校的表现，我觉得很压抑。

咨询师：爸爸今年多大了？

　　小张：58岁。

咨询师：你觉得对于一个比较固执的、生活了50多年的老人来说，他的秉性好改吗？

　　小张：那倒是不好改，那他也不能让我这么压抑啊。

咨询师：属实是这样，那你希望的人生是什么样子的？

　　小张：我希望有个自由舒适的环境，不用被人盯着被人管，有自己的决策权。

咨询师：非常好的想法，也很适合你。那你是否有考虑过这样的场景什么时候实现？

　　小张：我希望马上实现，不过不现实吧。

咨询师：如果在现实里，给自己预期，你希望多少年之后实现呢？

　　小张：大学毕业吧，我想要出去住，不想在家里。

咨询师：看到你有自己的规划，很好！那现在做些什么可以让你尽早实现你自己的梦想呢？

　　小张：实习吧，早点找到工作赚钱，就不用要父母钱，也不用有太多交集了。

咨询师：好的，我们可以探讨下，你现在可以怎样找到工作？

小张：先把学业完成，然后多投投简历，多出去实习，给自己创造更多机会吧。

咨询师：很好。上大学时你已经成年了，和原生家庭不会一直待在一起，你会有独立的思维，可以尽早计划自己想要的生活。

小张：嗯。

咨询师：我们这样理理思路，你是否觉得情绪好些了呢？

小张：好多了，我一想到自己未来可以过自由的生活，就感觉不那么压抑了。

咨询师：非常好，那今天给你布置个作业，你把你的计划想法具体化，看看我们具体可以做哪些事情，让我们将来可以更有主动权过自己向往的生活，你觉得可以吗？

小张：好的，谢谢老师。

三、案例分析

经过谈话，一是帮助孩子发现和分析问题，二是找出症结并想办法解决问题。父母爱之深，必为之计深远，但是爱需要正确的打开方式。本案例中的父亲为了孩子将来能够成人成才，对孩子提出了过高要求，没有使用科学、智慧的教育方式，只是单方面不断给孩子施加学习压力，没有顾及孩子当下的想法感受。久而久之，孩子处于情绪崩溃的边缘，对于心理健康十分不利。

四、经验和启示

1.孩子到成人的角色转换

孩子上了大学，基本到了成年的年纪，一些家长还是习惯用旧有的权威、命令式的口吻与孩子沟通，殊不知孩子已经长大成人，孩子的生理心理都在这个阶段迅速成长，说教式方法已经不再适合该年龄段的大学生，也需要父母们与时俱进，多了解这个年龄段孩子的特点，用他们能接受的语言沟通。

2.父母的期待不一定是孩子未来的人生路

对孩子的期望要合理，要适可而止，不能超出孩子的承受范围。每个父母都是望子成龙、望女成凤，只是父母将当初没实现的愿望强压在孩子身上，孩子所承受的压力会压垮他们小小的身躯，身心健康是每个孩子在校期间最重要的部分，学习也是孩子一生的阶段性成长，如何乐观地在社会上生存才是父母要努力引导孩子的方向。

7 —— 就业抉择篇 ——

案例一　考研失利后选择放弃再次考研直接就业

咨　询　师： 聂含聿

来访者情况： 小张，大四学生

主要困惑： 考研失利，想要再次考研

一、背景信息

　　小张是一名应用统计学专业的学生，大四，平时学习刻苦，成绩名列前茅，在班级任学委，做事认真踏实。小张考研成绩不理想，想要再次考研。该生觉得考研是心里的一个梦想，但他现在在闵行有实习，家庭较困难，父母身体不太好，不能做体力活，家中还有弟弟读高中，家中负担比较重。

二、咨询过程

咨询师： 同学你好，请问今天想要探讨什么话题？

　小张： 老师，您好，我考研失利了，现在在实习。我打算再次考研，不过不知道这个选择是否可行。

咨询师： 你今年报的哪个学校？成绩怎么样？再次考研报哪个学校？

　小张： 我报的上海财经大学，但专业课考差了，感觉今年题目超纲了，再次考研还想要考上海财经大学。

咨询师： 你想要考研的出发点是什么？是因为兴趣，还是希望留在上海或者希望提升学历？

小张：老师，我对专业挺感兴趣的，也希望能继续读书进修，不过我还是有些顾虑。

咨询师：你愿意跟老师说说你的顾虑吗？

小张：是这样的老师，我爸妈现在都生病，弟弟在读高二，家里除了供我之外，还要供弟弟读书。所以，我最近一直在实习，不过如果读研的话，我也在想爸妈负担是否太重了。

咨询师：如果家里是这样的情况，是否考虑晚点读研，比如等工作几年以后再读研。从你现在的情况来看，读研并不是一个好时机。如果先就业，一方面可以帮家里减轻负担，另一方面先积累工作经验。工作两三年后如果再有读研想法，自己也有些积蓄，再者，你可以看到自己在工作中有哪些要提升的地方。这时，如果还觉得自己要提升学历，提升自己，再读研也不迟。你觉得呢？

小张：老师，我觉得你说得有道理，我再想想。

咨询师：好的，你再结合自己的情况好好想想。有问题再来找我。

小张：好的，老师。

咨询后反馈

小张：老师您好，告诉您一个好消息，我找到工作了。我回去仔细思考后，觉得您说得有道理，以我家现在的情况不适合现在考研。爸妈都卧病在床，如果考不上就耽误了一年。如果这一年我可以工作，工资可以养活我自己，也可以帮家里一起供弟弟读书，爸妈的经济负担会小很多。我现在还是以家庭为主，希望帮家里减轻负担。

三、案例分析

很多毕业生考研失利后，觉得自己只差一点，再复习一年肯定能考上。这种情况要具体问题具体分析，考研失利后想要再次考研的同学还是占相当一部分比例的。从近年考研的情况而言，考研大军比例相当大，2022年考研的人数超过了400万人。2022年，再次考研的学生比例增长很多。该生父母生病，家里开销较大，考虑到现实情况，小张最后选择了先就业，赚钱补贴家用。

四、经验启示

小张家里有生病的父母和读书的弟弟要照顾，如果选择直接读研，还要读三年，学费和生活费对于小张的家庭来讲都是一笔不小的开销。如果直接就业的话，她赚的钱也可以养活家里，支持家里的开销。最后懂事的小张考虑到家庭因素选择直接就业。对于家庭经济特殊困难的同学而言，工作几年之后如果还有升学的想法再决定考研也不失为一种选择。每个学生需要根据自己实际情况出发去决定未来的职业生涯发展。

案例二 考研目标未达成，选择调剂还是再次考研？

咨　询　师：聂含聿
来访者情况：小东，大四学生
主 要 困 惑：考研没达到目标学校，要不要选择调剂

一、背景信息

小东，男，应统专业，大四学生，成绩中等偏上，家庭条件较好，父亲开公司。他这次考研没有考到目标学校，因为调剂的学校只有专硕、没有学硕，他不太想去专硕，所以纠结是否要考研调剂。如果不调剂，可以先到父亲公司上班，同时准备再次考研。

二、咨询过程

咨询师：同学你好，请问今天你想要探讨什么话题？
　小东：老师您好，我现在在纠结再次考研是否要调剂。

咨询师：能跟我说说具体的情况吗？
　小东：这次考研失利了，没有考到目标学校，我在纠结是否要调剂，因为调剂的学校没有学硕都是专硕，我不太想去专硕，所以纠结是否要考研调剂。如果不调剂，可以先到父亲公司上班，同时准备再次考研。

咨询师：首先要恭喜你过国家线，今年疫情考研不容易，能上线已经很优秀了。对于调剂，你有什么顾虑吗？
　小东：比较在意专硕和学硕的区别。

咨询师：你之前了解的是这两者之间区别大？

小东：学硕全日制更正式些，学东西也会更好。我现在能调剂是非全日制的专硕。

咨询师：那你读研的初衷是什么？

小东：提升学历。

咨询师：如果是这样的想法，老师建议你可以考虑专硕调剂。现在社会对于学硕与专硕的认知差别不大，很少有人问是学硕还是专硕。再加上由于这几年考研人数众多，你能够上线已经很不错了，趁这个机会读研吧。如果放弃了这次调剂，明年再考不确定因素太多了，我们也不能确保明年就一定能上，反而风险性增大了。另外读研时，出国交流的机会也更多。你觉得呢？

小东：其实还是有点不甘心，自己准备还是挺充分的，没考上目标学校有点遗憾。

咨询师：人生就是充满变数和遗憾的，没准什么时候"柳暗花明又一村"了呢。大家考研都希望能考上，但是要看天时地利人和，建议你考虑调剂。

小东：好的，谢谢老师，我回去和父母商量商量。

咨询师：不客气。

咨询后反馈

小东后来反馈自己选择调剂专硕了，考虑到这几年考研竞争力是挺大的，明年考试有很大不确定性，最后选择了调剂学校。

三、案例分析

小东顾虑的是学硕和专硕的差别，而现在就业市场中学硕与专硕差别并不大，因此在疫情期间通过了初试，已经实属不易。而第二年再次考研的不可控性太大，小东选择调剂读研是比较稳妥的决定。

四、经验启示

每年毕业生中都有部分同学会选择再次考研，圆自己的名校梦，有理想是非常好的事情，只是也需要考量再次考研的诸多不确定性，如果再次考研成功了皆大欢喜，如果不成功，相当于有一年时间和社会脱节，如果再次考研失败再找工作，简历上也会留下一年空档期的痕迹。因此，如果不是很笃定要再次考研，不建议毕业生选择重考这条路。

咨　询　师：聂含聿

来访者情况：小南，大四学生

主要困惑：实习期间和老板吵起来，找到工作觉得不适合要辞职

一、背景信息

小南，应统专业，大四学生，成绩中等，性格耿直，之前找过实习，最后和老板吵起来不去实习了，咨询几次后，参加了西部计划报名，不过没有通过面试，临近毕业找到了一份销售的工作，领导也很喜欢他，不过做了几天觉得和自己的未来规划不相符，咨询过后选择当兵入伍。

二、咨询过程

第一次咨询

咨询师：同学你好，请问今天想要探讨什么话题？

　小南：老师，您好，我不想实习了。

咨询师：能跟我说说发生了什么？

　小南：我和实习老板吵起来了，因为我觉得实习的内容有点无聊，有一次我在看手机时被老板看到了，老板骂了我一顿，我就跟他吵起来了，然后不在那实习了。

咨询师：你觉得实习有些无聊，那你之前找这家实习的时候，是否有先去了解这家

公司的相关背景情况？

小南：没有，当时就想着大四了找个实习做做，也没多想，正好看到有这个实习机会就报名了。

咨询师：实习有个好处就是排除错误选项，一家公司的氛围、小环境等都是需要我们去亲身观察和经历的。经过这次实习，你有什么感触？你觉得自己的目标是否会清晰一些呢？之后有什么打算？

小南：我想报名西部计划，先不去这种类型的公司实习了，我其实能吃苦，报名西部计划，去远一点苦一点的地方我都没问题，我是想要做些事情的人。

咨询师：很好啊，你有自己的抱负，不怕吃苦，这都是你身上很好的品质。我相信你有自己的规划和安排，每个人都是最了解自己的人。你可以先做个清单，列一下自己擅长什么、不擅长什么，再做个测试，趋利避害。因为工作中，如果遇到实在不适合我们的事情，我们也会有脾气。但如果你到每一家公司都和老板吵架，可能就不是老板的问题了，而是我们自己需要改进和提升。你先回去理理自己的思路，我们下次再具体沟通。

小南：好的，老师，谢谢您了。

第二次咨询

小南：老师您好，我西部计划面试失败了。

咨询师：你觉得面试的过程中，是否有回答得欠缺的地方？

小南：我回答得不太顺畅。

咨询师：你觉得哪方面没答好？能跟我具体描述下回答的问题吗？

小南：老师问到如果这份工作你觉得不适合你，你会怎么办？

咨询师：你怎么回答？

小南：我说那就不做呗，继续找适合我自己的工作。

咨询师：听起来你的回答很耿直啊，不过如果我是面试官，这可能不是我想要的答案。我可能更希望看到面试者积极的态度，比如努力争取、做好评估、先试着去适应尝试等回答。

小南：哦，这样啊，看来我还是想得太少了。

咨询师：每一次面试都是经验的积累，你首先要了解你想要什么，每次面试可以从面试官的角度来思考，如果你是面试官，你希望录用怎样的人？还有一点就是你需要学习沟通方式。

小南：好的，老师。

咨询师：今天给你推荐一本书叫《非暴力沟通》，你可以回去学习下沟通方式，可能换一种沟通方式，我们和他人的关系会更和谐。

小南：好的，老师。

第三次咨询

小南：老师您好，我找到工作了，是销售岗位，不过我昨天跟领导说我要辞职了。

咨询师：为什么呀？这次是什么情况？

小南：我已经进入了公司培训的阶段，不过进入后才发现销售的行业不太适合我，我看到了人性一些不好的部分。虽然领导很喜欢我，他也很惊讶我为什么会选择离开。

咨询师：那你有思考好未来的路吗？

小南：我打算当兵，其实我一直有个当兵的梦想，而且当军人可以帮助很多老百姓，我觉得这才是有意义的人生，才能让我的生命发光发热。

咨询师：很好啊，你能找到自己的一个兴趣点，这个很不容易。不过老当兵也是很辛苦的，新兵进去很累，而且在部队要收起自己的个性，服从组织安排，当兵后，吵架就等于不服从组织决定。这点你思考好了吗？

小南：老师，您说的这些我有思想准备，我这个人性格比较直，说话也容易得罪人，但当兵是我发自内心想要去的，我以前不确定，现在很确定了。我会整理好我的情绪，你也放心。

咨询师：好的呀，看到你很坚定明确，也了解每个事务背后都会有利有弊，我也很替你开心，你又成长了，加油！

小南：好的，谢谢老师一直以来的指导和陪伴。

咨询后反馈

经过几次咨询后，小南一点点明确了自己未来的方向，不再迷茫，开始有自己的职业生涯规划，最后兜兜转转选择了当兵入伍，自己也舒心很多。

三、案例分析

小南的职业生涯规划得比较晚，大四才起步，找的第一份实习也没有提前了解公司情况，对于自己想要什么、适合什么没有清晰概念。进了实习之后和老板直接吵架，也犯了职场的忌讳。在几次咨询中，咨询师没有批评指责小南，而是用积极的视角帮助引导小南看到自己的情况，对自己有更清晰明确的认识，最后他找到了自己能接受并喜欢的发展方向——当兵入伍。由此我们可以看到，个体差异是很大的。

四、经验启示

小南性格率真、正义感强、能吃苦、不怕累，这些性格品质都很适合当兵。在不断的探索中，小南最后遵从了自己的内心，选择了适合自己且自己喜欢的当兵。每个人选择自己擅长并喜欢的方向，才会走得长远。

案例四　证券和会计事务所要如何选择?

咨　询　师：聂含聿
来访者情况：小杨，大四学生
主 要 困 惑：证券和事务所的工作不知道要如何选择

一、背景信息

小杨，上海人，女，应统专业，大四学生，平时学习成绩中等，家庭条件较好，大四后一直在一家会计事务所实习，同时会计事务所也给小杨发了入职通知，小杨准备签约，不过家里一个亲戚说有个证券的工作可以帮忙推荐下，且面试也通过了，小杨有点纠结要去哪家公司，前来咨询。

二、咨询过程

咨询师：你好同学，今天想要探讨什么话题?

小杨：老师您好，我有个困惑，我现在有2份工作，不知道要如何选择，您能帮帮我吗?

咨询师：你好，可以跟我讲讲这两份都是什么工作吗? 具体情况怎么样?

小杨：我在一家会计事务所实习了3个月，现在公司给我发了入职通知让我转正，这家公司蛮辛苦，因为外审要经常出差加班，父母也觉得我比较辛苦。我家里有个亲戚给我推荐了一份证券的工作，我去面试也通过了，那边也给我发入职通知了，我犯愁不知道要怎么选择。

咨询师：你喜欢现在的事务所工作吗？

小杨：挺喜欢的，就是感觉事务所工作有点忙，经常加班，我们实习期间加班都是到晚上21：00～22：00。

咨询师：那你觉得现在的工作量大吗？

小杨：我觉得有点大。

咨询师：那你觉得以这样的工作体量，你工作5年或10年，身体能承受吗？

小杨：我觉得有点难。

咨询师：看来这份工作对你而言有点辛苦。你有咨询过证券岗位的工作量怎么样吗？

小杨：证券岗位的工作主要是与上市公司做对接协调，一般也是工作时间，加班比较少。

咨询师：这两份工作都属于金融方向的工作，你觉得对于女孩子，包括身体体力情况，这两份工作哪个更适合你？

小杨：这样看来好像证券更适合我。

咨询师：你看你已经知道答案了，你可以回去再和家里商量下，看看他们的建议，选择适合你的最重要。

小杨：我家里也建议我去证券，正好距离家里也近一点，工作也不会像事务所那么辛苦。

咨询师：好的呀，那你还有疑惑吗？

小杨：没有啦，谢谢老师。

咨询后反馈

小杨后来去了证券的工作，她也很开心，解决了自己的困扰，可以投入到以后的工作中了。

三、案例分析

这个案例中小杨是比较幸运的，她的困惑在于收到两个录用通知书，不知道哪个更适合自己。从工作性质来看，两份工作都不错，也都是金融院校学生的专业对口单位，她的问题是她已经感觉到现在实习的单位加班严重身体疲惫吃不消了，但还没有意识到如果以后确定这个工作了，加班是常态化，本身就瘦弱的她持续高强度工作身体会吃不消。咨询师引导她看到当下的情况，小杨对比工作量之后，决定选择适合自己的证券行业工作。

四、经验启示

像小杨这样面临工作抉择时，大学生们可以做个对比清单，把两份工作的优势和劣势列出来，然后对比下薪资待遇、工作性质、距离、行业发展等多方面因素，这样很直观的对比可以帮助毕业生直观地做选择。

案例五　毕业后留在熟悉的城市还是勇闯新城市?

咨 询 师: 聂含聿

来访者情况: 小周,大四学生

主 要 困 惑: 要毕业了,考虑是否要留在上海发展

一、背景信息

　　小周,女,应统专业,大四学生,成绩排名中上游,家庭条件一般,有过创业的想法,并实践过一段时间。最后还是想要找份稳定的工作,考虑是否留上海。

二、咨询过程

咨询师:同学你好,请问今天你想要探讨哪些话题?

　小周:老师好,我现在在考虑是否要留在上海。

咨询师:除了上海之外,你有其他想去的城市吗?

　小周:没想过其他城市,现在就觉得留不留在上海也无所谓。

咨询师:你在上海生活了四年,现在考虑是否留下来,是有什么顾虑的吗?

　小周:上海这座城市的生活压力太大了,如果留在上海会很辛苦。

咨询师:那当初高考你为什么选择上海的学校? 当时的想法是什么?

　小周:当时想着到大城市看看,我家是农村的,高考还是希望自己能来看看外面的世界。

咨询师：很好啊，说明你是很有主见很上进的女孩。这几年在上海你还习惯吗？

小周：还好，也去了些地方走走逛逛，相对也熟悉些了。

咨询师：你有没有特别想去的城市？

小周：没有。

咨询师：如果没有想去的城市，也不想回家，可以考虑先在上海找工作。

小周：老师，为什么这么说呢？

咨询师：首先，你从贵州出来了，也在上海待了4年，在你最黄金的年龄了解并熟悉了上海这座城市，对当地生活习惯、作息习惯、地理位置相对都熟悉些。其次，你的同学、人脉目前也都在上海。相对到新城市重新适应、习惯而言，你要节省很多时间成本。再次，如果你不回家，我们学校在上海就业的机遇会更多些。如果留上海工作，奋斗几年，将来你再有好的机遇也可以回到其他城市生活，你觉得呢？

小周：我再考虑考虑，老师。

咨询师：可以先多投投简历，去上海和你想要去的城市参加线下面试，看看有哪些机会，先把入职通知拿到手，再权衡下利弊。

小周：好的，老师。

咨询后反馈

小周在投简历后，收到最多的机会还是上海的单位，对比几家后，最后签了一家外企的工作。

三、案例分析

小周是外地生源，在上海生活学习4年后，如果不想回家工作的话，在自己读书的城市发展是个不错的选择，很多毕业生在刚入职的第一年要进入新环境适应单位、同事，大小环境等，这时候如果对所在城市比较熟悉，会更快适应些。

四、经验启示

毕业生在毕业季做城市选择时，一般要不留在读书的城市，要不回家，要不去其他有亲朋好友的城市。对于普通家庭而言，留在上海的工作成本是家庭中要考量的因素。如果考虑机会发展的话，上海的经济中心、海派文化、工作机会等诸多方面的优势很大，如果毕业生想要在外面打拼奋斗几年，可以先留上海然后再看机遇。

案例六　毕业论文二辩，何时投简历比较合适?

　　咨　询　师：聂含聿
　　来访者情况：小红，大四学生
　　主 要 困 惑：论文二辩，是否要二辩后再投简历

一、背景信息

　　　　小红，女，应用统计学专业的学生，大四，成绩中等，论文答辩未通过，在准备第二次论文答辩。想留在上海工作，不过顾虑论文答辩弄不完，在纠结要不要论文答辩通过后再投简历找工作。

二、咨询过程

咨询师：同学你好，请问今天想要探讨什么话题?
　小红：老师好，我现在想要在上海找工作，不过我的论文答辩没有通过，我在想我是不是先弄完毕业论文答辩再说呢?

咨询师：你的论文这次没有通过，老师们给出的原因是什么?
　小红：老师们说我在推导公式时不太细致。

咨询师：那有没有什么其他特别原则的问题反馈?
　小红：没有。

咨询师：那你觉得如果你作为老师会不会希望卡学生的本科论文?
　小红：应该不会吧。

咨询师：那我们来看看，你的论文答辩未通过的原因是你完全不会公式推导还是细节问题？

小红：细节问题。

咨询师：所以这样看来，我们需要调整的是论文的细节部分，应该不涉及原则问题，对吗？

小红：是的老师。

咨询师：所以这样看来，我们每天除了修改论文，是否还有些盈余的时间？

小红：应该是有的。

咨询师：如果你觉得可以挤出时间，我们每天是否可以抽出1~2个小时时间投简历，其他时间修改论文？

小红：这样看是可以的。

咨询师：我们准备论文二辩和投简历是不是不冲突？

小红：是的，我之前可能太紧张了。想到论文答辩没有通过就特别着急，想着赶快把全部精力都放到论文上弄好。

咨询师：是的，你的心情老师很理解，第一次经历写论文而且论文没通过，肯定会着急。只是我们要平衡好自己的时间和规划。如果错过了现在6~7月投简历找工作的机会，8~9月又要迎来下一届同学和你一起竞争找工作了。

小红：那倒是，那个时间段竞争的人又多了。

咨询师：是的，而且找工作不是今天说投简历明天就找到了，也是需要一个过程的，所以投简历等消息也需要时间。我们除了每天预留修改论文的时间，也要预留投简历、准备面试这些过程的时间。

小红：好的，老师我懂啦，我明天开始投起来。

咨询师：现在感觉情绪怎么样？还很着急吗？

小红：现在好多了，谢谢老师啦。

咨询后反馈

小红在咨询后开始投简历，刚开始也没有单位回复，没有面试机会，后来还在继续投简历，最后找到了一份自己比较满意的工作，论文二辩最后也顺利通过，顺利毕业了。

三、案例分析

小红本科论文答辩未通过，她内心十分紧张担心，所以小红把全部注意力都集中在论文修改上，希望确保顺利通过，按时毕业。在咨询师的引导下，小红理解了找工作从投档到拿到入职通知是需要一段时间的，不是马上找马上有的。因此咨询师引导小红在准备毕业论文二辩的过程中也是可以抽出时间投简历的，因此咨询师引导小红简历投递和论文二辩同时准备。

四、经验启示

针对小红的情况，她的论文是细节问题，不是通篇都要耗时修改，因此花费时间不会太长，小红之前的注意力都在论文答辩上，害怕不能按期毕业，经过咨询师开导，小红意识到自己能毕业的概率较大，因此心情上也放松些。此外，如果小红二辩结束，估计要7~8月份，这个时候下一届毕业生已经开始找工作了，小红的竞争人数也更多，企业也开启下一轮的招聘，小红和下一届竞争的优势并不大。因此咨询师引导小红意识到现实情况，并鼓励她开始投简历，促进小红找到心仪工作。

案例七　延毕学生的自我重塑之路

咨　询　师：于跃

来访者情况：小白，延毕大五学生

主 要 困 惑：延毕了，学校有征兵入伍的机会，纠结要不要报名

一、背景信息

　　小白，男，大五，现在还有2门课程没有通过，平时性格内向，和他人接触很少，在家里和家人沟通交流也较少，母亲管得较多，喜欢打游戏。了解到学校最近在征兵入伍，该生想要咨询下自己是否适合报名。

二、咨询过程

咨询师：你好同学，请问今天来想要探讨什么话题？

　小白：老师您好，我想咨询下您征兵入伍的事。

咨询师：好的呀，你的基本情况具体跟我说一下吧。

　小白：我今年是本科第五年，现在还有2科考试没通过，看到学校有当兵入伍的消息，也想着要不要去部队锻炼下。

咨询师：我觉得你的想法很好，部队很锻炼人，而且上海征兵政策也不错。如果这两科你都通过，要明年才毕业，如果没通过就第六年了，还不确定接下来是否还会顺利通过，如果再不通过可能面临结业或者肄业。征兵的话你回来整个人的状态会完全不同。

小白：是呀，我也这么想，所以来咨询您。

咨询师：你现在有在实习吗？
小白：在社区做志愿者，倒是没有出去实习过。

咨询师：之前是否有找过实习？
小白：没找过。

咨询师：是有哪些顾虑吗？
小白：就是觉得自己还没出学校就没有找。

咨询师：找实习可以尽早走进社会，了解社会，这个经历还是需要有的。
小白：之前家里管得严，加上大五延毕，总觉得自己低人一等，也没出去找过实习。

咨询师：那我觉得你如果去部队还蛮好的，可以锻炼下自己的精气神，毕竟延毕会让自己有些负担和不自信的部分。如果我们跟其他人说我们这两年没找工作是因为在当兵，可能会比直接说到自己延毕更好些，你觉得呢？
小白：是呀，现在不太愿意同学聚会，我爸妈跟别人说起我没毕业的事，总归感觉抬不起头。

咨询师：这么说来当兵对你还蛮适合的，部队里锻炼出来的人在体力、为人处世、耐力、毅力上都有很好的提升，我们的精气神起来了，状态自然会好起来，人也会更自信。我个人觉得征兵是你重新谱写人生的很好方式。上海征兵也有补贴，大概20多万，当兵回来后你自己也有毕业后的第一桶金，不用完全靠父母，回来后身体素质也会不同，再用这样的心态面对学业和未来人生时，我相信会更坦然从容。
小白：嗯，我妈管我比较严，我学业的事她也觉得很丢脸，她觉得是因为她在大学期间没有抓我学习，我自己也觉得比较压抑，如果能出去锻炼锻炼，换个环境也好，在家都不开心。

咨询师：那我们就先跟家里沟通下，如果可以的话先报名，因为还涉及后续体检部分，所以如果决定报名，自己可以先跑步运动起来。

小白：好的，老师，我回家和父母商量下。

咨询后反馈

小白回家后与父母沟通，决定报名，现在体检已经通过了，等待入伍。

三、案例分析

小白妈妈在初高中管得严，大学忽然放松了，让小白自己学习，结果出现了延毕，只能待在家里，也没找工作，这个事情对小白及家人来说都感觉低人一等，感觉说不出口。当小白想到了通过当兵入伍的方式锻炼自己时，咨询师非常赞许小白的想法，于是鼓励他去试试看，这个方法也符合小白当下的情况。

四、经验启示

延期毕业学生内心都会多多少少带着自卑感，来自社会的压力、父母的压力、亲友的压力、同学相处的压力等，在没毕业前觉得自己抬不起头来，针对这样的同学，尤其是男生，如果可以当兵入伍，会改变自己萎靡的精神状态。之前接触过延毕的男生很少有喜欢运动的，基本是比较宅的状态，反而越宅，自己的学业和其他状态越差。因此，当兵入伍是很好地帮助他们"转运"的方式。通过部队的锻炼，小白的精神状态、抗压力、抗逆力都会得到很大的提升。最主要的是，他可以自信地生活了，这对于小白而言无疑是最好的选择。

案例八　从想要再次考研到获得满意工作，他做对了什么?

咨 询 师： 聂含聿

来访者情况： 小于，大四学生

主 要 困 惑： 考研失利后想要再次考研，又担心找不到好的工作

一、背景信息

　　　　小于，男，大四，成绩较差，性格很开朗，在学校社团里很活跃，考研失利后准备再次考研，也担心准备再次考研错过找工作。

二、咨询过程

咨询师： 同学你好，请问今天想要探讨什么话题?

　小于： 老师您好，我考研失利了，想再次考研，不过也有点想找工作的想法，就是担心现在这个时间点找不到什么好工作了。

咨询师： 你好呀，这次考研感觉哪门没考好啊。

　小于： 我想考北京，但专业课考砸了，调剂也不行。

咨询师： 这样啊，今年考研难度还是蛮大的，你想要考北京，将来也准备去北京发展，是吗?

　小于： 是呀，北京距离家比较近，将来去北京后回家也方便。

咨询师： 那你有考虑现在去北京找工作吗?

　小于： 感觉现在这个时间点，找不到什么好工作了吧。

咨询师：这个不好说，现在还是春招的时间，正是看机会的好时候。不过如果你再次考研要是失利了，再去找工作就不好说了。

小于：那倒也是，现在找份好工作也不容易。

咨询师：是的，如果你打算再次考研的话，将来准备在北京复习吗？

小于：是的，准备毕业就去北京。

咨询师：老师建议你现在可以先把简历投起来，咱学校最近的就业信息挺多的。

小于：之前投了几个没消息。

咨询师：有的时候机会就在不经意间到来。你投了不一定有回复，你不投绝对不会天上掉馅饼。至少先给自己一些机会。

小于：好的，老师，我试试看。

咨询师：给你推荐几个网站：猎聘、Boss直聘、智联招聘、校就业网，你都可以投投简历。毕竟你如果准备重新考研，现在备考时间还很充裕。

小于：好的，老师，我投起来。

咨询后反馈

小于回去一个月之后，找到了一家北京的数据处理公司的工作。这家公司很有发展前景，上升空间很大，老板也很好，企业内部氛围也很好。小于最近在大量学习数据分析的内容，感觉比大学四年学的容量都要大。这家公司在笔试时，也和其他公司不一样，他们让小于画个模型，小于画了个安保公司的数据模型，他们很感兴趣。小于感觉这家公司开放度很高，都是年轻人，小于对公司很有认同感，准备放弃再次考研，直接工作。小于自述对于这份工作很满意。

三、案例分析

小于思想很活络，他对再次考研没有很执着，也考虑到现实的工作问题，咨询师引导小于看看3～4月份春招的好时期，让小于做两手准备，小于听进了咨询师的话，最后小于如愿找到了很理想的工作。

四、经验启示

在咨询中发现，小于是属于发散性思维的学生，不喜欢束缚，所以他在找工作的时候遇到了同样不按常理出牌的公司，他也很开心。且这个公司上升空间大，挑战大，又不局限，给了他很大的成长空间，他也愿意积极努力工作。咨询师在给学生做选择性的规划时，引导学生对自己的认识更清晰更了解，定位会更准确，学生在未来就业岗位的匹配度就越高。

咨　询　师：聂含聿
来访者情况：小粉，大四学生
主 要 困 惑：考研过国家线，想要调剂好的学校，现在有几个可选的
　　　　　　　调剂学校

一、背景信息

　　小粉，女，大四，成绩名列前茅，班长，考研过国家线，想要调剂一个好的学校，有几个要调剂学校的面试，现在在想犹豫怎么选择学校。

二、咨询过程

咨询师：同学你好，请问今天想要探讨什么话题?
　小粉：老师您好，我最近在准备调剂，您能给我点建议吗?

咨询师：我们一起谈论看看，你现在都想要调剂去哪几所学校?
　小粉：上海师范大学、杭州电子科技大学、云南财经大学。

咨询师：这几个学校你有倾向性吗?
　小粉：我首选杭州电子科技大学，然后是上海师范大学和云南财经大学。

咨询师：你的这个排序有什么具体原因吗?
　小粉：这个学校专业很好，要是能去是最理想的，其次是上海师范大学，在上

海，最后是云南财经也不错。

咨询师：那你有什么打算？

　小粉：调剂面试都参加吧。

咨询师：如果从地缘优势而言，肯定首选上海，从选专业角度考虑，换一个城市也是可以的。

　小粉：老师我调剂需要准备些什么？

咨询师：首先要好好练习下面试的自我介绍，中英文都要练习下。其次对于这个学校和专业及导师要有一定了解。再次可以准备几个常见问题，为什么选择我们学校？你的学术研究情况？你个人的优势劣势等问题，网上可以查到。另外就是今年有疫情，线上面试时，眼睛注视电脑的位置也要调整下，保持微笑。

　小粉：好的，老师。

咨询师：另外，可以再问问专业老师，是否了解这几个学校具体的小环境情况？

　小粉：好的，老师，谢谢您。

咨询后反馈

　　小粉先后面试了杭州电子科技大学、云南财经大学、上海师范大学，在和专业老师了解了几个学校的具体情况后，最后选择了留在上海，进入了上海师范大学。

三、案例分析

　　小粉是个很有主见的学生，在调剂过程中，她会主动寻求各方面的帮助，在选择学校的时候，她也很果断地判断自己是否适合这所学校。此外她在咨询后很用心地查询了这几所学校的具体信息，并且询问自己的专业导师该学校的学术情况，面试结束后，她马上就有了自己的决定。对于小粉而言，她没有首先选择地域，而是先看重专业。不过最后综合考虑还是留在了上海，调剂结果也十分不错。

四、经验启示

考研初试过国家线，没到目标学校，想要调剂，要打听好调剂学校的基础信息，比如招多少人，专业如何，导师如何分配，学校的就业率，学校影响力，学院的学术氛围，学校所在地发展情况等。小粉在上海读了四年大学，如果调剂上海本土学校，小粉毕业时也可以留在上海工作，而且本硕都在上海读书，相对来说也会积攒一些好友同学的人脉，是很好的选择。

案例十　面对家庭压力如何选择未来行业？

咨　询　师： 衣红梅

来访者情况： W，大五学生

主要困惑： 是否跨专业就业

一、背景信息

W，大五，男生。单亲家庭，家中子女多，家庭负担重，三人在上学。该生学习成绩一般，未参加任何学生组织，无获奖经历，周末会做兼职。他在毕业季遇到了两个就业选择：在做寒暑工期间，认识的同事告知他可以到一家国企做合同工，门槛低，赚钱快，薪水符合预期，可以解决经济问题，但主要是做力气活；另一个是离家较远的医院，合同工，薪水低一些，专业对口。辅导员找W谈话，希望W能专业对口就业，对未来个人发展较好。W内心有些纠结，选择咨询。

二、咨询过程

第一次咨询

咨询师：有什么需要我帮助的吗？

　W：老师，我家里条件不太好，马上要毕业了，我就想找个能马上挣钱的工作，缓解家里经济压力，工作内容是做体力活，所以工资比较高，我年轻也有学历。

咨询师：听起来，你已经有意向的企业了？

W：对，朋友给我介绍了两个企业，门槛都比较低，主要是要通过笔试，后面的面试主要看身体素质，我不担心。

咨询师：你已经了解过他们的用人标准和需求？

W：了解前两年的，不知道今年会不会变，如果不变，就等明年六月招考的时候去试试。

咨询师：你的专业是五年制的，做体力活会不会有些可惜？

W：家里条件就是这样，我需要快点赚钱。

咨询师：做体力活比较辛苦，会有年龄限制，你有考虑过干不动的时候怎么办吗？

W：这个我没有想过。

咨询师：如果你选择了这份工作，未来还会转回来吗？

W：如果已经做体力活就不好转回来了。知识都忘差不多了，更不好考证了，那就彻底换赛道了。

咨询师：所以，你似乎对未来有些思考。

W：是的。只是最近辅导员找我谈话，觉得我这么选择有点可惜。希望我能选择专业对口的工作。

咨询师：她知道你的想法吗？

W：我跟她说了我的情况，她也积极给我推荐了一个单位，只是离我家比较远。不过我也不恋家，家里也没有人需要照顾，也不需要我做补贴，我倒是不太介意。只是辅导员推荐的单位比我看的单位每个月要少1千到2千块钱。

咨询师：所以，薪水报酬上没办法跟你朋友推荐的工作比，是吗。

W：是。辅导员推荐的单位跟专业对口，之后有了工作经验可以考执医证，薪水就会高，但是我等不了那么久。

咨询师：你很着急需要用钱？

W：倒也没那么着急。

咨询师：所以你很清楚辅导员推荐的工作从长远看来，收入要更高一点。

W：是。医院现在都不好考，我不一定考得到，以前也不敢想。现在辅导员突然推荐我，我还没考虑清楚。朋友推荐我的公司，也是要考试的，我也不一定去得成。

咨询师：所以，你并不是在拒绝辅导员的推荐，而是不知道怎么选择更好，对吗？

W：对。前几天职业技能培训的时候，她给了我一个表格，让我做对比。

咨询师：是一张对比表单。

W：对。她让我对比下这两个工作现在的收入，未来十年以后的收入和退休时候的收入，但是我还没做。

咨询师：是什么原因没做呢？

W：我还没想好。

咨询师：那么，接下来你有什么打算呢？

W：我打算都试一下，两个工作招聘时间也不冲突，而且我不一定能考得上。我的目标就是尽快工作，其他到时候再看。

咨询师：看起来你现在似乎有了自己的选择。

W：嗯，一边走一边看。

咨询师：如果都能如愿以偿，再需要抉择的时候，可以考虑使用决策平衡单。到时如果需要帮助，你可以再来找我。那我们今天就先到这里。

W：好的，老师。

第二次咨询

咨询师：今天想要聊什么话题？

W：老师，我上次其实知道应该怎么做了，两个可能都选择不放弃。但是我又了解了一下朋友介绍的岗位情况，感觉心理更加笃定了。一是它起步的薪水报酬就要高一些，五年内的薪水提升空间也不错，员工升到中级或者说是小主管容易，但是不容易再往上发展，但小主管的薪水已经很高了，我还是比较倾向选择这个工作。

咨询师：看来上次回去，你有重新补充就业信息，帮助自己完善职业决策。

W：是。五年是有点可惜，但也算帮助爷爷完成一个心愿。

咨询师：你现在的专业是爷爷期待你考的专业。

W：是。我考上了，也读出来了，虽然之前有几次想过要退学，但还是劝自己坚持过来了，也算是对爷爷有交代。

咨询师：你是最近才有跨专业就业的想法吗？

W：也不是，大一上学期结束我就有这个想法了。

咨询师：哦，但是你没有选择转专业。

W：转专业不是要学习成绩好才可以吗？

咨询师：所以，当时你以为只有学习成绩好才能转专业。不过现在你能选择到自己理想的工作，也不遗憾，对吗？

W：是的。

咨询师：真不错，那接下来有什么打算？

W：我正在看考试的材料，准备试一下。

咨询师：对这份工作还有没有顾虑？

W：也还好，因为我意向有两个企业，如果一个不行，再试另一个，他们岗位性质一样，所以考试内容差不多。如果实在不行，就随便找个工作先干，再考一年。

W：是的。我得生活。

咨询师：嗯，你对自己非常负责！看来你的困扰已经解决了，看到你有自己的决定，老师也支持你。

W：好的，老师。谢谢！

三、案例分析

高考志愿的非自主行为，家庭经济对就业时间的压缩，让该生只能从短期经济报酬出发来考虑未来的就业问题。本身并无特长和荣誉加身的学生，对专业也没有深入的攻坚能力，使得学生对职业发展的思考比较局限。五年的时光对学生来说，更多的是完成自己的一份人生和责任使命，但是对自己意向的职业发展似乎并没有形成有效助力。由于缺少意向职业对比和职业体验，大部分是通过生涯访谈或者间接的信息搜集而来，所以该生的职业决策存在一定的风险。在咨询过程中，发现 W 具备自制力和短期规划能力，只是缺少职业思考和场景模拟。在第一次咨询中通过提问引领 W 思考，在第二次思考中发现 W 会解决存在的疑问，职业决策的思路渐渐清晰，行动方向也逐渐明确。对于潜在的决策风险，也存在于其他的选择之中，重要的是 W 对自己的选择目标有信心和毅力，这将会是他战胜困难的重要资源。

四、经验启示

有句话叫"干一行爱一行",对于有些人来说,第一份工作至关重要。有的人一旦选择了一份工作,就会努力地坚持下去,但是如果第一份选择的是其他工作,或许他开启的将会是另一个人生。这也越发显出职业规划中职业决策的重要性。

还有一句话叫"不能则己所爱,择己所选",W的专业胜任力和自我效能促使他选择跨专业就业,在他的中短期规划里,两个选择的确并不能那么清楚地分出高下,更多在于工作者的个人特质和爱好偏向。在面对显而易见的困难与未知的困难之间,W更倾向于后者,这也是很多年轻人所体现的"无知者无畏"的精神,也或许是W潜意识中想要重启一次掌控的机会。在职业咨询中,我们会尽量帮助来访进行内外、全面、横纵的评估,带着来访者看到将会遭遇的场景和事情,但是我们却不能代替来访者做决策。因为只有他自己才清楚自己当下最需要的是什么,谁的未来谁做主!